ONCE UPON
A BITE

风味人间

3

大海小鲜

陈晓卿　李勇　主编

华中科技大学出版社
http://www.hustp.com
中国·武汉

图书在版编目（CIP）数据

风味人间 . 3, 大海小鲜 / 陈晓卿 , 李勇主编 . -- 武汉 : 华中科技大学出版社 , 2022.8
ISBN 978-7-5680-8290-7

Ⅰ . ①风… Ⅱ . ①陈… ②李… Ⅲ . ①饮食—文化—中国②海鲜菜肴—饮食—文化—中国
Ⅳ . ① TS971.2

中国版本图书馆 CIP 数据核字 (2022) 第 081792 号

风味人间3·大海小鲜
Fengwei Renjian 3 · Dahai Xiaoxian

陈晓卿　李勇　主编

策划编辑：胡　晶
责任编辑：胡　晶
责任校对：刘　竣
责任监印：朱　玢
装帧设计：覃忠善
出版发行：华中科技大学出版社（中国·武汉）　　电话：（027）81321913
　　　　　武汉市东湖新技术开发区华工科技园　　邮编：430223
印　　刷：武汉市金港彩印有限公司
开　　本：710 mm × 1000 mm　1/16
印　　张：21
字　　数：150 千字
版　　次：2022 年 8 月第 1 版第 1 次印刷
定　　价：88.00 元

鲜活 /
自在人间

献给海洋和劳动者的一曲赞歌

《风味人间 3 · 大海小鲜》总导演　李　勇

海洋是生命的起源地，是人类的故园。

我们的地球是一个蓝色星球，3/4 的面积都是海洋，2/3 的氧气来自大海。如果没有海洋，地球上的人类和所有生物都无法生存；更不要说海洋神秘多样的生物，以及给人类源源不断提供的食物。

其实我们拍摄海洋与海鲜主题的想法，已经是多年的念头了，在《风味人间》第二季的制作过程中，这个想法逐渐成型。前两季，我们也都涉及过许多海鲜题材的内容，比如第一季台湾小伙子镖旗鱼的故事，自播出后就一直被大家喜欢和讨论，甚至让许多观众联想到了经典的《老人与海》。

对土地，对大海，我们都同样的深爱。还可以借用一句诗来表达我们对大海的感情——"为什么我的眼里常含泪水？因为我对这土地爱得深沉。"事实上，《风味人间 3 · 大海小鲜》里，每一个故事都不厌其烦地表达着我们对海洋的深厚情感。

《风味人间 3》的副标题是"大海小鲜"，我们希望能够发掘这些看似平常食物背后的不寻常故事。站在纪录片创作者的角度，我们也非常喜欢片中拍摄到的主人公，他们用善良、乐观、豁达，面对着生活里的起起伏伏、风雨波折，对家人充满爱与耐心，对生活充满热情。

从他们身上，我们看到特别令人感动的东西；从他们的眼神和笑容里，能让人感觉到，幸福来自对生活和内心的认真与专注。而作为纪录片团队，我们能做的实在是太少太少了，只能尽最大的努力在《风味人间 3 · 大海小鲜》中讲好故事，把我们对主人公、对美食的喜爱呈现给观众，和大家一起去凝视这些可爱的人、动人的食物。

《风味人间》系列一直坚持美食的在地性，重视传统的生活方式和捕捞手段。中国有 1.8 万公里的大陆海岸线，1.4 万公里的岛屿海岸线，我们进行了系统和深入的搜索，尽力发掘能体现传统的元素，完成了一次充满感情的回望。

我们花了非常大的力气去寻找传统的、行将消失的捕捞手段，比如，我们发现盘锦居然还有帆船捕捞，葫芦岛有骡车下海，山东有高跷罾网捞虾，浙东有命悬一线、徒手攀岩的采集，海南有古朴的手拖大网，这些都是古老传统而且依然在生活中存在的劳作方式，给了我们很多惊喜。

尽管如此，现代生活给人们带来的影响和压力，同样没有一个人可以逃开。我们甚至能在孤岛的一对年轻父母身上，感受到跟一线城市的父母毫无二致的育儿焦虑。时代的印记，也会在纪录片的镜头里有所表现。

现代社会追求的是效率和速度，这恰好是许多传统捕捞方式、生活方式所不具备的。后者在快速地消失，图书报刊和网络上介绍的一些传统渔猎手段，我们去实地考察，发现很多已经不复存在，如今依然在生活中鲜活存在的，可谓是少之又少。

《风味人间》系列想为他们留下一份影像志，让人们看见我们的先辈曾经有过怎样的生活。而大海是如此慷慨、宽厚，滋养万物、亘古不变，日复一日起伏涨落，满足着人类的温饱。

我们认真记录中国的海、和以海为生的人们，拍摄完成了《风味人间3·大海小鲜》，希望它可以成为献给海洋和劳动者的一曲赞歌。

李勇

2021 年冬

目录 CONTENTS

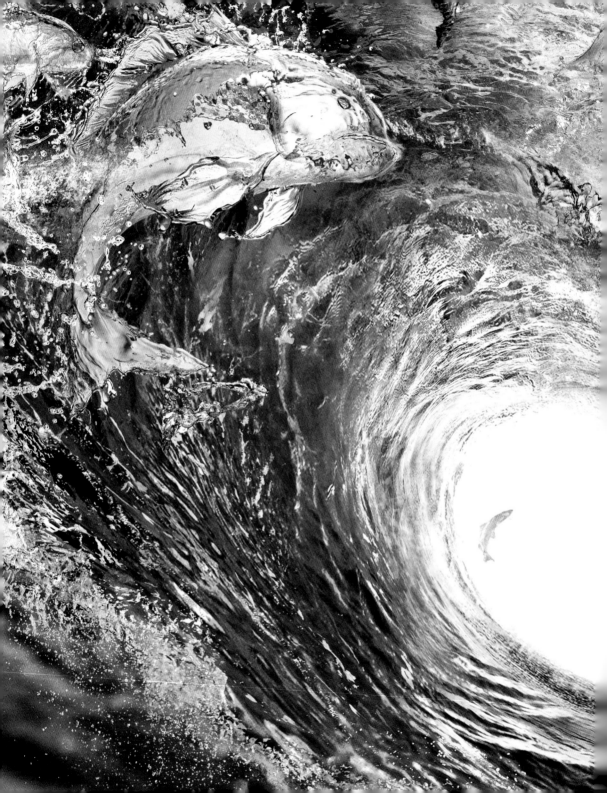

大海早就在那里，
漫无际涯，神秘莫测。

海上风云多变，
却源源不断送来至味珍馐，维持着人们的生计和温饱。

伴随日升月落与万家灯火，
让无畏者以梦为马，四海为家。

天涯·四海为家

第一章

手机扫码
可观看本集内容

辽宁大连

LIAONING
DALIAN

海 洋 岛

海洋岛，黄海深处的岛屿，李天佑和伙伴早早出发。从事水下作业的渔民，当地称为海碰子。
因为风险高，只有胆大心细的人才能胜任。

黄海北部水域，茂盛的海草床和藻类，给众多生物提供栖身之所。

水下的李天佑，像播撒种子的农夫，将人工繁育的幼苗，投放到自然水域。在天气转冷之前，
让它们适应环境。

李天佑

八 鲍鱼

———

鲍鱼，在石灰质外壳的保护下，一双眼睛和敏感的触须，引领它们打探新家的模样。
这种原始的软体动物，五亿年前就已经在地球上存在。

李天佑一家

李天佑一家已经习惯海岛上的生活。三年前，他们从一千多公里外的黑龙江搬到这里。两个月后，小家庭将迎来第二个孩子。

从内陆到海洋，改变的不只有身份，还有他们的菜单。一家人客居他乡，生活多了几分复杂味道。

李天佑再次入海，这次是更远的水域。

成年鲍鱼生性敏感，足部肌肉如吸盘，能产生超过自身体重四十倍以上的巨大力量。必须趁它没有防备，果断出手，才能纳入囊中。

鲍鱼的生长速度极其缓慢，北方水冷，五年以上，才能达到半斤左右的分量。发达的足部肌肉，厚实柔软。这是最难烹饪的一类食材，对火候和调味都是挑战。

花刀切开，肉质洁白脆韧。

高汤浓汁，
文火控温，
再向五花肉借来香与肥，
使其充分入味。

鲍鱼烧五花肉

炙烤鲜鲍

酥炸金鲍

松露鲍鱼焗海胆饭

———

不过，鲍鱼最极致的呈现，并不追求新鲜。超过一百天的加工晾晒，重量仅剩十分之一。

干鲍，状似琥珀，质如软玉。

以浓郁的高汤缓缓滋养，慢煨两天两夜。胶原蛋白分解，鲜味慢慢浸透。

中国传统里，干鲍的价值远超鲜鲍。

温故而知新，从"新鲜"到"陈鲜"，成就了它海味至尊的地位。中心呈凝胶状，口感黏糯，味道醇厚，达到赏味的巅峰。

吉品干鲍

鲍鱼炖土豆

小院出产的土豆，新鲜捞出的鲍鱼，不分贵贱尊卑，在铁锅里一同焖烧。
来自海洋的食物送来美味，让李天佑一家在异乡获得家的温暖和安宁。

海南陵水

HAINAN
LINGSHUI

新村渔港

有多少人四海闯荡，就有多少人眷念过往。

中国有3.2万多公里的海岸线，海南是唯一海岸线全部地处热带的省份。传统的海洋生活，在这里保存着一份样本。上千个鱼排和船屋，在海面上依次排开。

老何（何永兴）的生活每天都在重复，不过这几天却有些不同。孙女（欢欢）放假，来船屋小住，老何的心里乐开了花。宝贝驾到，爷爷必须把箱底打开，亮出最好的食物。

欢欢

———

海面下，是老何的秘密宝藏。热带海域，海洋生物多元而奇特。

老何曾是潜水的一把好手，但宝刀已老，体力和技巧对他都是考验。

波纹龙虾，俗称小青龙。

它们在浅水区度过幼年，再长大些就会游向较深的海域。想徒手捕捞，现在是最后的机会。

———

由于特殊的历史原因，老何的祖辈世代在海上生活，以船为家。

小船如蛋壳一般在海面上起浮，这个古老族群被称作疍家。

跟许多疍家一样，老何已经从传统渔猎改成养殖。

水下网箱里，龙虾迎来一个重要时刻。从坚硬的角质层裂口处，抽离出柔软的身体，这是贯穿龙虾一生的关口。每次蜕壳后，体型都将长得更大。

∧ 小青龙（波纹龙虾）

白净的嫩肉，一丝丝清甜与生俱来。加入椰汁汆烫，清香不掩清甜。

龙虾椰子鸡

与家常食材混搭，也能大放异彩。

高浓度的游离氨基酸和糖类，使龙虾获得不同寻常的鲜度和甜味。南豆腐的娇弱，龙虾的滑嫩，在一勺滚烫红油的激发下，被渲染到无以复加。外貌无奇，却把馋虫撩拨得蠢蠢而动。

龙虾麻婆豆腐

——
最新鲜的龙虾只需要带壳白煮。外壳不但给虾肉增味，也能在蒸煮时形成一道防护，阻止风味流失。

有时，通向美味的路，并不需要太过复杂。

（老何妻子）冯界珍：龙虾白煮才好吃，不用放什么料，料太多了不好吃了。

老何：到春节，过去（在岸上）三天三夜睡不着。三天（后），我就马上下来（回来）。我喜欢在鱼排住啊，全部家当就放在这里，要照顾好它。

如今，儿女们都已经在陆地上安家。

或许，他们将成为最后一代疍家。

山东青岛

SHANDONG
QINGDAO

港 东 村

海岸线一百公里内，居住着全球一半的人口。

豁达豪放的青岛，物产丰饶的胶东。大海的出产，赋予这座城市独特滋味。

不曾爽约的渔汛，又将在餐桌上掀起波澜。

紧追渔汛，刘慧群进入新一轮忙碌。每年的鲅鱼季，能赚来全年最重要的收入。

△新鲜大鲅鱼

鲅鱼丸子

熏鲅鱼

新鲜鲅鱼，体硕肉肥。轻轻刮下鱼肉，剁碎，按相同方向搅拌，挤成丸子下锅。也可以充分腌制后油炸。

鲅鱼小肉弹，个个弹劲十足。熏鲅鱼，咸甜适口。

滋味不同，各有所爱。

入冬，刘慧群开始张罗过年的特产。

鲅鱼片开，过一遍海水。跟制作一般咸鱼不同，无需加盐和任何调味料，这种方法海边人称之为甜晒。网格确保上下通风，借助凉爽的空气和冬日暖阳，自然风干。

甜晒鲅鱼，表皮干，里层还保持着柔润。

∨ 甜晒鲅鱼

美味和春节前后脚地来到。

千滚豆腐万滚鱼，大锅炖，慢慢烧出滋味。
玉米面揉成团，甩向铁锅粘牢，谷物和海味的香气交融弥漫。
小火慢熬，甜晒鱼的汤汁越发浓郁。

甜晒鲅鱼炖豆腐

甜晒鲅鱼贴饼子

又是一年将尽，春节有中国人最看重的一场团圆。

饭热菜香，加上团聚的欢声笑语，融成一处，我们叫它年味。

福建平潭

FUJIAN
PINGTAN

东庠岛

———

中国海域有一万多座岛屿。

东海一座小岛上，有个男孩正陷入成长的烦恼。

林本本

陈乃姜：林本本，快点！要迟到了！

林本本：这是我妈妈。

林桂云：自己要想，做作业不动脑子要怎么做啊？

林本本：这是我爸爸。

林本本：他们相爱了，然后就把我变出来了。

陈乃姜：干嘛不一笔一笔写？老是那么多连笔进去啊！

林本本：求饶！女王大人求饶啊！

林桂云：走开！

林本本：很伤心！也很生气！我妈和我爸是不爱我的，他们两个在家里都针对我。

林本本：千方百计地想劝他们对我温柔点，他们老是不听，这让我很伤心嘛！

林本本：老爸，祝你捕好多鱼啊！

林本本上数几辈人，都靠捕鱼为生。

小岛远离陆地，老爸只关心眼前的海浪，和手中的渔网。

可八岁的林本本，却对一些遥远而生僻的地名充满兴趣。

林本本翻过年龄与大海的阻隔，把好奇的目光投向全世界。

摄制组：厄立特里亚（的首都是哪里）？

林本本：阿斯马拉。

摄制组：索马里（的首都是哪里）？

林本本：摩加迪沙。

摄制组：吉布提（的首都是哪里）？

林本本：吉布提市。

摄制组：肯尼亚（的首都是哪里）？

林本本：我这个"死脑袋"怎么这时候忘了……内罗毕。

林本本：一个都没去过，只去过中国，福建省福州市最远了。

林本本：偶像啊？魏格纳，研究出了大陆漂移。

摄制组：长大后想做什么职业？

林本本：地理学家。

———
回到现实。本本认识外面的世界，从菜市场开始。老爸的辛苦，挣来全家的生活和三餐。林桂云一个人一条船，橄榄形的小木船，名叫腰子桶，经不住大风浪。

林桂云：我要多做，拼了命地去干。现在要多努力点，以后他（儿子）就不用那么辛苦了。

———
每个不爱吃饭的孩子背后，都有一位焦灼无助的家长。武力不解决问题，改变才有出路。鱿鱼海蛎皮皮虾，包进番薯面皮。咸食，外层黏糯，馅料鲜香。

咸食（时来运转）

——

进入腊月，本族人聚到大王庙，拜神祈福，但林本本更在意仪式后的一碗糯米饭，甘香黏连，满满的甜蜜味道。

更好吃的糯米饭，离不开当地一种特殊海鲜。

锯缘青蟹，生性凶猛，外骨骼坚硬，一对大螯强健有力。

本地青蟹价格不菲，但旺发期只有一个多月。

∨金蟳（锯缘青蟹）

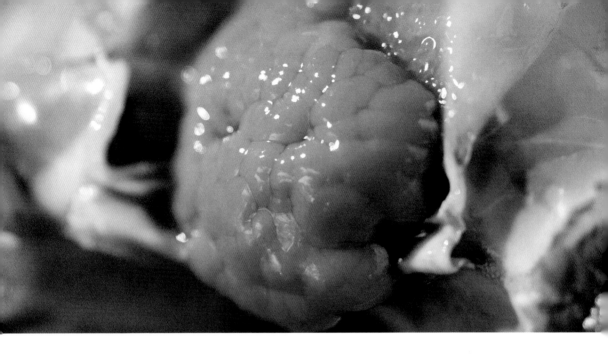

终于见到收获，它有沉甸甸的手感，脂膏充满后盖。

东庠岛出产的青蟹，膏多黄满，肉绵密紧致。为了跟寻常青蟹区分，当地人美其名曰金蟳。

期末考试，本本又是第一，全家人心情大好。

虾仁香菇红葱酥，加上本本最爱的胡萝卜，与糯米炒到断生。放上酒醉的金蟳，上灶继续蒸。金蟳黄逐渐凝固，鲜味和香气浸透糯米。膏黄变成漂亮的橘红色，散发浓厚的醇香。蟹肉清甜，蟹黄扎实饱满，就连糯米也获得惊人的鲜香。

家里最好的食物，总会装点成长的童年。

金蟳糯米饭

说到沧桑二字，
前者指沧海，后者是家园

人们以风为信，以苦作舟，
耕耘着孩子的记忆，和未来的风景

对于纷纷过客，
海洋，以永恒的包容和静默，
不咎既往，不问去向

海洋，狂暴凶险的生命摇篮。

动荡不安，又潜藏诱惑。

从大海到餐桌，
人们把海洋的物产，
变成这颗星球上最鲜美的味道。

这是最后的狩猎之地，
吸引勇敢的人，立上潮头。

弄潮·浪头击水

第二章

海南万宁

HAINAN
WANNING

蓝 田 村

蓝田村地处热带，太平洋的风常年吹拂。

正午，浪潮之下，许环明正为女儿的梦想劳作。在女儿心中，他是无所不能的英雄。不借助装备，只相信体力和胆量。有这张渔网在，家人就不用为生计发愁。

孩子是父亲工作的动力，也是生活里的开心果儿。

（女儿）许妍：尊敬的叔叔阿姨你们好，有人说我爸爸像孙悟空、英雄、巨人、奥特曼。我觉得呢，这个爸爸当个捕鱼的就够了吧，因为爸爸就像英雄，很厉害，他就披着一个红色的披风，飞上了天。

许环明

——
刚捕捞的渔获趁新鲜下锅。越是简单烹饪，越是不会错过海蟹的美好。
这个季节蟹黄最厚，有流沙的质感。

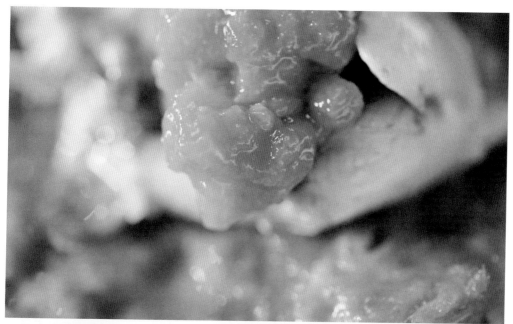

三目蟹蒸肉饼

————

要获得更多回报，许环明懂得，仅凭一己之力是不够的。

凌晨两点，村民集结出发。阿明是最强壮的渔民，他在船头把控方向，大家必须赶在落潮前推船入海。开出数百米，抛下渔网。海面风平浪静，但一场紧张的狩猎正在酝酿。

近岸营养物质丰富，总吸引来大量鱼群。休渔期前的最后一网，谁也说不清能有几成收获。

太阳升高，鱼群开始活跃。海水让渔网产生三吨以上的坠力，需要二十多个渔民拖拽。五百米的网绳，前端敞开，尾部封拢，当地人叫它猪肠网。

渔网的出现至少始于一万年前，正是集体的智慧，使早期人类成为万物灵长。

猪肠网

∧ 炮弹鱼

——

现在是收网的时刻。众人合力，将网绳抬出水面，但更多猎物开始逃离大网。

阿明冲进海浪。鱼群逃散的窗口期，只有十几分钟。阿明仗着过人的水性，把机会和漏网之鱼抓在手里。

阿明出力最多，作为回报，他能获得两份收入。

今天的收获里，有女儿喜欢的炮弹鱼。

炮弹鱼，是当地渔民对一些小型金枪鱼族的统称，妻子拿它炖猪腩肉。吸纳猪肉的肥香，鱼的鲜味更上层楼。

在专业厨师手里，一条新鲜海鱼会受到精心对待。

炮弹鱼在水下游速快，有饱满的红色肌肉。木炭预烤，撒盐火炙，嫩肉呈束状裂开，脂肪产生迷人的焦香。外层烤熟，内部还保留鲜肉的水润。层次丰富的好味道，次第绽开。

薰炙鲣鱼

付出心力，让家人获得温饱与欢笑。
父亲总愿意陪孩子度过平淡时光。

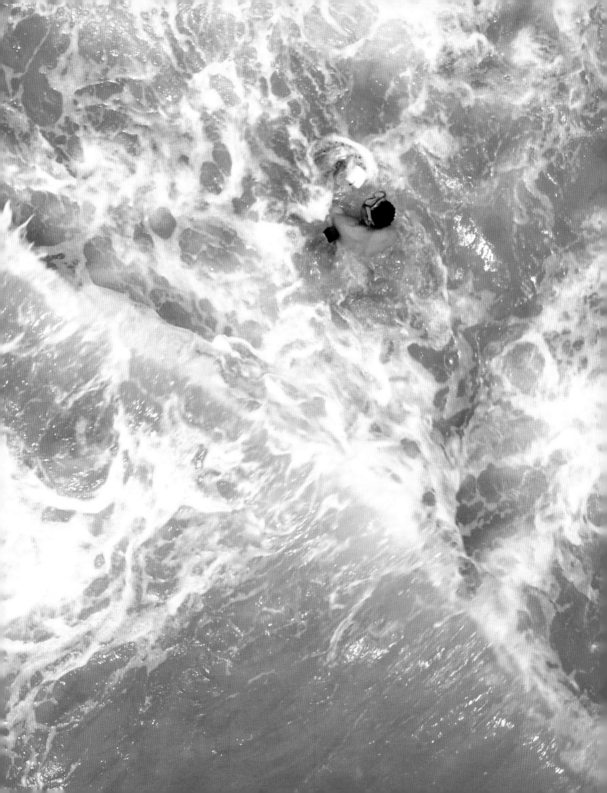

浙江
ZHEJIANG

舟山群岛

———
中国漫长的海岸线上，水陆相接地带，时而风平浪静，时而波涛汹涌。

舟山群岛，在风浪和绝壁之间，有种猎取方式，让人命悬一线。一旦出现风险，家人也很难相助。

∧ 佛手螺（龟足）

———

龟足，在浙东沿海俗称佛手螺，但实际上它们是虾蟹的近亲。

外壳粗糙，肌肉洁白脆韧，兼具章鱼的脆和蟹肉的鲜。

———
龟足固着在礁石缝隙里，这是潮汐作用最剧烈的区域。阿姨们有多年的采集经验，但身处岩礁与风浪的夹缝，不能掉以轻心。

成色好的龟足价格昂贵，但收益越大，风险越高。

陈玉香决定去更高处寻找机会。丈夫老何（何小能）时刻关注潮水和天气的变化。

礁石表面湿滑，手脚很难抓牢。没有安全装备，手套和胶鞋是唯一的保护。两个伙伴年近七十，她们陆续跟进。

开始涨潮，海水遇到礁石阻挡，形成狂暴的怒浪，海浪高低落差超过五米。老何有不祥的预感。然而，猎手的本能让陈玉香不肯罢休。

一波惊人的回头浪。

今天不算顺利，好在三姐妹安然无恙。虽然突变的潮水中断了采集，但每个人也能有近千元的收获。

——

来之不易的食材，调动厨师的智慧与灵感。

龟足的鲜味洁净温和，需要做足案头准备。海藻胶体，加花椒、葱头和酱油，熬得似凝非凝。灌入新鲜的芹菜泥，再裹一层椒麻的啫喱冻。放进莳萝橄榄油浸泡，彻底冷却后，香料以里应外合之局，彰显龟足的细嫩和脆弹。

椒麻啫喱佛手螺

清炒佛手螺

回到青浜岛。

陈玉香更喜欢简单直接。生姜、菜油、老酒,快速爆炒。再加少量清水,烧煮片刻。沾满汤汁的外壳,封住一小坨软滑小鲜肉,趁热上桌。

生活向来充满风浪，但人们总愿意把信心交给明天。

重庆

CHONGQING

海洋，曾是人类望而却步的世界尽头。

从近岸到远海，全球近五百万艘渔船日夜劳作。近些年，全世界海洋渔获的年捕捞量，大约八千万吨。近三分之一的人口，将其作为最重要的蛋白质来源。

海鱼出水容易腐坏，必须当即处理，趁鲜吃，风味足，肉质肥嫩。

—

而千里之外，人们却给一种海鲜找到另外的出路。

8D 魔幻都市、英雄草莽江湖。在重庆，一种浓烈口味大行其道。天南海北的食材，无不被调教得俯首帖耳。

二十年前，老刘（刘健）从老家宜宾来重庆谋生。重庆有数万家火锅店，他以四张饭桌，跻身餐饮的热潮。在风头浪尖讨生活，时间久了，少不了一本生意经。列在第一位的，是对食材的精挑细选。

这是重庆知名度最高的鱼，但很少有人目睹过它的原貌。

:> 耗儿鱼（剥皮鱼）

———

剥皮鱼，一些鲀形目鱼类的俗称。

鱼皮坚韧，为方便保存，通常剥皮去头后出售。在重庆，被冠以耗儿鱼的诨名。

与辣椒、豆瓣酱搭配，下重油，加大量花椒，以多种调味料重拳暴击。

香麻火辣，抓住食客的胃和心，让许多重庆人视其为本土食材。

鲜椒耗儿鱼

香辣耗儿鱼

香炸耗儿鱼

香锅耗儿鱼

———
在重庆，与火锅相会是耗儿鱼逃不脱的宿命。

急速冷冻的耗儿鱼，长时间烫煮依然润嫩。牛油捎带麻辣滋味，将耗儿鱼紧紧簇拥。外层有老辣的重口味，拨开是嫩滑的瓣状肉，色香味撩人。

牛油火锅耗儿鱼

原本海洋的物产，
无意中装点了一座内陆城市的口味，
也让老刘得以立足。
也许，所有的机缘巧合，都是某种命中注定。

广 东 珠 海

GUANGDONG
ZHUHAI

东 澳 岛

海洋食材里，螺是不可忽视的大宗。除了亲民小菜，也少不了硕大昂贵的珍馐。
加高汤，连壳炭烤，慢慢煨熟。用力顿出螺肉，趁热切薄片。浓郁的鲜甜味带着韧劲，在
齿舌间跳弹。

炭烧响螺

◁ 塔螺

珠江入海口，咸淡水交汇，食物充足，吸引众多海洋生物往来觅食。一同被吸引到水底的，还有阿昌（罗伟林）和他的伙伴。

捞螺不只是乐趣，更是一家人的生计。工作餐就地解决。塔螺经过炙烤，鲜汁溢满螺壳，肉厚实可口。

烤塔螺

阿伦（左）和阿昌（右）

——

东澳岛，面积不足五平方公里。

八年前，阿昌孤身来岛上，以捕捞和售卖海鲜为生。阿伦（陈伦锋）跟阿昌境遇相似，他们常年在岛上工作，妻子都在外地陪孩子读书。

夏季天气多变，但阿昌和阿伦决定照常出海。这一回，他们打算捕捞价格较高的辣螺。

潮水汇同暗流，被岩礁拦截，形成巨大的漩涡。可是水流湍急的区域，大个头的辣螺数量更多。水势太大，阿昌坚持不住了。阿伦不甘心就此放弃。

生活让人鼓足勇气，简单的食材也来路不凡。

捞汁花螺

螺的体内蓄积着大量氨基酸，帮助提升内部渗透压，对抗海水盐分，也是鲜和甜味的来源。
紧凑弹牙之余，有淡淡的柑橘和嫩草的清香。

显微摄影
辣螺辣腺

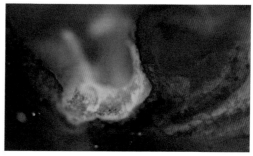

—

辣螺更适合带壳盐焗，它的尾端隐藏着特殊的辣腺。随着加热，辣腺中的色素分解转化，不断变幻色彩，绚丽得如同极光在夜空飞舞。一丝金属气息，和类似芥辣的味道，正是辣腺的功劳。

盐焗辣螺

——
人们对螺的喜好由来已久。

我们的祖先最早从海洋获取的食物，可能就是这类行动迟缓的动物。

作为蛋白质的重要来源，其肥厚的咬口，更能给进食者以满足感。

辣螺蒸熟，晚餐便有了下落。

盘中餐和头顶月，让远离亲人的时光，仿佛不再漫长。

清蒸辣螺

立于潮头，勇气随风浪沉浮

越过山丘，才能看清生活的底色。

每一丝云淡风轻的背后，都有人拼尽全力。

待光阴化作故事，那些过往的层云，似乎都轻飘得不足言说。

浩瀚的海洋深处，
隐藏着人类追寻的种种美味。

渔民劳力，让深藏的海产浮出水面。

厨师劳心，将来自泥土的食材，
以海味激发并点化，变幻出万千风味。

调和·渊薮至味

第三章

手机扫码
可观看本集内容

辽宁盘锦

LIAONING
PANJIN

红 海 滩

六月，黑嘴鸥齐聚辽河口，觅食繁殖。

潮沟和碱蓬草，把红海滩变成一座迷宫，但总有人能在这个时候找到自己的路。

黑嘴鸥

老李（李生基）有近五十年的捕鱼经验，摸透风向和潮水的秘密。捕捞季进入尾声，他的功夫和权威即将接受最后的考验。

下锚，立桩，把樯杆夯实。布好网，让猎物自己上门。

李生基

蘸酱菜

再见到老李，他已然是校门口的模范家长。老伴史秀霞开始张罗一家人的午餐。

单凭青菜萝卜貌似哄不住孩子们的胃口，但一碟酱料，让人获得信心。蔬菜爽脆清口，咸香的虾酱一路辅佐，让胃口敞开大门。

潮沟，海洋伸进陆地的触角，跟潮水一同起落。李大爷脚步沉稳，但收获多少，还要看老天的脸色。

乌虾正在繁殖期，蓄积的能量达到巅峰。细小的乌虾一出水就启动自我摧毁的程序。撒食盐防止腐坏，排出细胞内的水分。放进陶缸，开始一场奇妙的转化。

———

腐败和美味只有一线之隔。

蛋白质分解，多种鲜味物质缓慢生成。经过半年或更久，风味才酝酿完美。

黏稠的虾酱，呈半固体状态。无论是腌制、酱炒，以及最日常的东北蘸菜，或者炒制成粉，虾酱变幻形态与食材相会。起初微微刺鼻，入口却化作惊人的咸香，随之泛起的鲜味，在齿舌间荡漾。

∨ 虾酱

虾酱炒螺片

虾酱焗和牛

虾酱焖羊肉

虾酱豆腐

渤海辽东湾，
不起眼的小虾变成绝妙的调味酱，
将平淡的食材点化得不同寻常。

而东南沿海，相似的调味智慧，
存在更极致的样本。

虾酱排骨

福建
FUJIAN

福 州

福州，自古江海交汇，物阜民丰。对一种调味品的执着，是福州人集体的味觉标记。

叶国双，以阿胖的名号行走江湖。小店开了三十年，靠的是熟能生巧的手艺，和一种神奇的遗产。

从极地到赤道，全世界沿海地区的不同族群，将小型鱼虾蚌蟹转化成调味品，思路和手法大同小异。

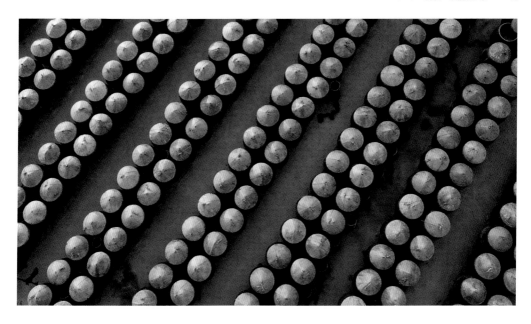

鳀鱼，加食盐，密闭封存。这种工艺至少有二千年历史。中国，是重要源头之一。

显微摄影
盐结晶

——

发酵两年，鱼肉消解融化，产生丰富的氨基酸。表面盐分析出，预示着发酵即将完成。
澄清杂质，浮现琥珀色汁液。

鱼露，彻底液化的鱼，鱼鲜融合肉香、坚果味和类似炙烤的香气，鲜味高度浓缩，有人称
它为调味之母。

∧ 鱼露

牛腩煲

阿胖待人随和，对食材却十分刁钻。紧贴肋骨的牛腩，肉质紧实，筋肉软滑弹韧，能带来咀嚼的快感。

选一块新鲜牛腩肉，开水汆烫，加鱼露去腥。捞出放进砂锅。烧开后，改文火焖炖三小时，用鱼露悉心调味。

这是阿胖压箱底的绝活，也是小店的招牌菜。周末，总要留一份给家人。

儿子在外求学、工作，家人齐聚的机会不多。除了饭菜，另一种味道更让儿子反复回味。

叶友飞

（大儿子）叶友飞：这是我从小吃到大的味道，是我记一辈子的味道。

鱼露牛背筋

鱼露拌花蛤

淡糟螺片

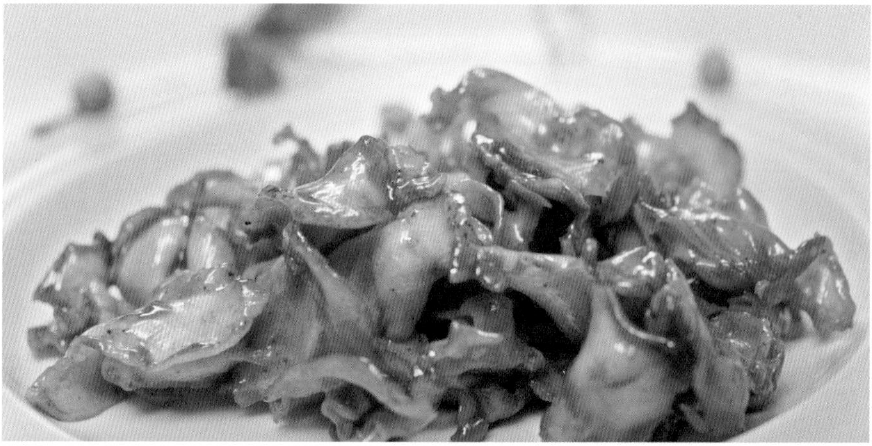

封糟鳗

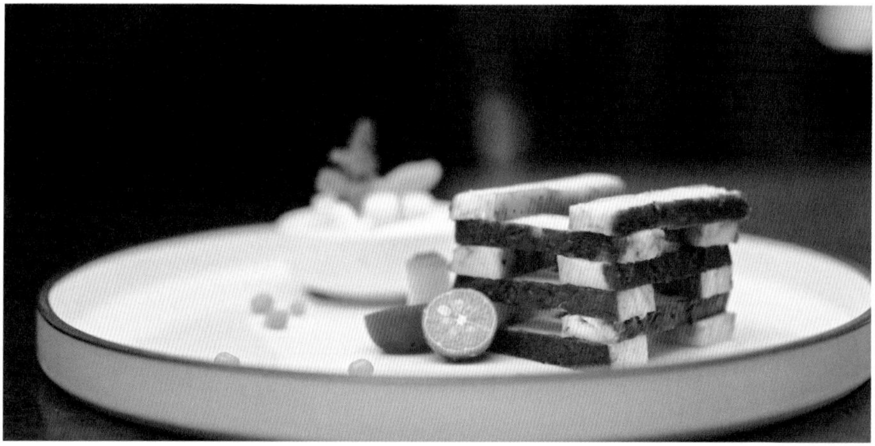

炣豆腐

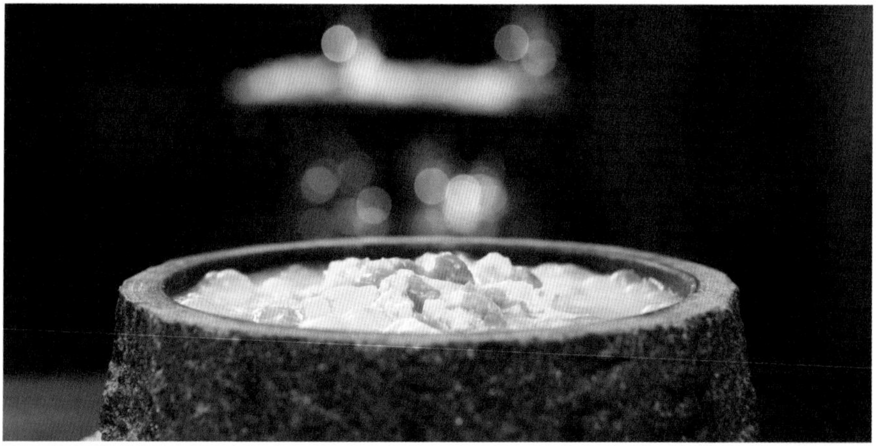

———

或许是时间偶然的转化，或许出于贮存的考虑，海鲜的滋味被萃取、凝缩，成为生活中风味的使者，使人们通过某种密码紧密相连。

这是古老而鲜活的味道，有穿透时空的力量。它携带个人情感和群体记忆，潜行于每一个平凡的日常。

广东汕尾

GUANGDONG
SHANWEI

海 丰 县

———
农历腊月，年味洋溢在广东汕尾的每条街巷。

随处可见的老派手艺，和几代人经营的小门店，仿佛让这里停留在时间之外。

施家的门脸开张五十多年，到年底，顾客激增。店里售卖海丰人津津乐道的小吃——菜粿。

美味的秘诀来自一种本港渔获——大地鱼干。

不同于完全融化的鱼露，将比目鱼风干后烘烤，就能迅速摸到鲜味的秘门。

鱼干的厚度仅五毫米，质地脆硬。

∨ 大地鱼干

∧ 舂捣

∧ **大地鱼粉**

——

掰开放进石臼，反复舂捣。最后过细筛，去除鱼骨颗粒，只留下最细小的粉末。

大地鱼粉，每一粒都蓄足能量，鲜味随时引爆。

——
用大地鱼粉给肉馅增加风味，是海丰人的独门妙招。

脆嫩的豆芽、酥香的虾皮，以及鲜沙葛、炸花生，一起包进米皮。看起来像锅贴和饺子，但滋味与神韵截然不同。

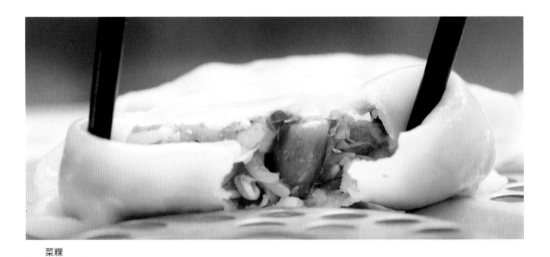

菜粿

——
蒸熟的菜粿，表皮光洁，软弹有嚼劲。

大地鱼粉热衷于当牵线佬，促成口感和味道各异的食材握手言欢。它自己却隐藏了踪迹，只留下缥缈的鲜味和焦香。

儒家哲学讲究和而不同，应用于烹饪，被称作五味调和。

小鱼小虾，变身作料，正好用来充当调味的推手。

海鲜狮子头

大地鱼海鲜粥

XO 酱煎焗大虾

蚝汁扣花胶

蚝皇溏心鲍

葱烧鱼肚

大红浙醋带子汤

对于某些天生味道寡淡的海鲜，中国厨师不惜时间工本，借其他食材之力，使其充分入味。

酸黄瓜拌海参

原汁海参汤

佛跳墙

比如海参，古人抱怨它最难讨好，却一直给予至高的礼遇，和极大的耐心。

山东烟台

SHANDONG
YANTAI

胶 东 沿 海

胶东沿海，年近七十的老王（王立模）又一次把退休的日程抛在脑后。
学会潜水，起因是几十年前的一个玩笑。方圆百里，老王是最年长的潜水员。

胶东方言把潜水员称做海猛子。在过去，这是拿命换钱的苦力活。
依靠简单装备，深入几米到几十米的海底。这根氧气管，是陆地和生命的唯一连接。
老王的目标，潜伏在海藻和砂石的底部。

王立模

∧ 海参

———
海参，在地球上存活六亿年的古老生物。

这些行动迟缓的棘皮动物，只在水质洁净的区域存活。它们春天觅食，夏季躲起来休眠。

水温一天天升高，留给老王的时间并不多。老王专挑五年以上的刺参，这是中国北部海域的出产，深受老饕们追捧。

拖拽氧气管，是伙伴之间的信号，引导他回到水面。

参花

野生海参并不多见，人工繁育后任其自然生长，才有丰沛的收获。辛苦两个月，赚来一家人全年的吃喝。

海参体内含有自溶酶，出水几个小时就会将自己溶解。老王手头的工作还远没有完成。海参尽快下锅煮，使胶原蛋白分子重组，中止海参溶解。

参花是海参的生殖腺，看起来像百香果肉的多汁颗粒。

（妻子）孙美翠：这个大参花通红焦黄的。

老王：这个营养高。

（本书如实记录当地传统饮食方式。生食参花有风险，请谨慎尝试。）

混搭韭菜，包出胶东人的最爱。

海参饺子

参花与蛋花一同做汤，鲜香吊足人的胃口。

参花蛋汤

海参味薄，蘸辣根，浓烈的气息直扑鼻腔。

时令的一餐，在无意中显得低调而奢华。

海参蘸辣根

对于海参的精髓，东西方厨师的理解，往往南辕北辙。

经典的中式烹饪，将干制的海参长时间泡发，使表层孔状结构吸水膨胀。

中国厨师珍视的部位，却被西班牙人完全丢弃，只取其薄薄的内壁。

葱烧海参

葱烧海参，依赖爆香的葱段，文火浓汁，使表里入味。

某种意义上，海参本身只是葱香的绝佳载体，缠绵不绝地释放出醇厚的甜和香滑的糯。

西班牙人喜爱的大锅饭，用海鲜和多种香料熬出汤汁。

将蛋白质丰富的海参筋均匀排布，浓汤的滋味浸润，咸鲜脆弹。

西班牙大锅饭

老两口闲来无事，但有趣的人，生活里从不缺调味料。

捕捞季结束，村口那片海，现在只属于天空和飞鸟。

面对大海，鲜味无处不在

就连海水本身，也是人类最为依赖的风味之本。

要把大海的馈赠、转化、调配成万千风味，
离不开人们的劳作与用心。

你问我味道在何方，我指着大海的方向。

从海面到水底，潮汐驱动着大海，
和每个赶海为生的人。

潮起潮落相伴而生，如同白天紧随黑夜。
人们行止作息、往来奔走，与潮汐同进退。

餐盘里风云开阖，有五味杂陈。
海面上汐来潮往，去而复还。

赶海·潮来往

第四章

山东崂山

SHANDONG
LAOSHAN

黄 山 村

九月，黄山村码头的忙碌不分昼夜。

天不亮，李健红早早升起炭火。两个月来，人们的生活起居，跟潮水涨落保持绝对一致。

丈夫隋忠虎和搭档赶着退潮出发，有多少猎物入网，即将水落石出。

夏天的水质、阳光和表层水温等综合因素，让一种生物数量激增。

海蜇，身体飘逸梦幻，这种腔肠动物随波逐流，被潮水带到近岸。

水位降到最低，趁风平浪静，动手起网。伞部直径接近一米，海蜇的重量超过一百公斤。

两人合力，才能将网拖拽出水。

∧ 海蜇

海蜇含水量高达 95%，分割工作在捕捞间歇同步进行。按当地习俗，夫妻搭配有明确分工。靠岸后的精细活，由女人接手。

伞盖内侧的薄膜，崂山话叫里子。一些部位必须当即水煮，这是传统的保鲜手段。阳光和炉火灼热烤人，然而时间意味着品质，不敢怠慢。

老醋蜇头

海蜇入菜，是胶东人的日常，夏末秋初更是尝鲜的好时机。
食客热情似火，厨师因材施用，让海蜇绽放百般风采。

海蜇的性腺，当地叫海蜇脑子，温香滑嫩。
海蜇里子形似腐竹，如瘦肉般有嚼头，浓郁的鲜味四溢。

虾汤鲜蜇脑

海蜇里子炒白菜

炙子烤海蜇里子

———

炙子烧热，椒盐调味； 撒葱花、芫荽，拌匀后打上几枚鸡蛋。伴着蒸腾的香气，夹小饼，将好滋味一举囊括。

新鲜蜇皮，像果冻般抖擞跳跃。切开后，愈显得晶莹剔透。距离一道贴心小菜，只剩半步之遥。蜇皮细嫩顺滑，配小菜，以蒜泥、米醋调味，清爽脆口，是解暑的神器。

海蜇凉粉

（本书如实记录当地饮食方式。生食海蜇有风险，请谨慎尝试。）

辛苦两个月，夫妻俩收成不错。

海蜇季马上结束，老隋心里已经没有任何负担。

潮汐和洋流输送丰厚的物产，又适时收回。

让人丰衣足食、饱尝口福。

辽宁
LIAONING

葫 芦 岛 市

最早被潮汐推送到人们眼前的食材，也许是贝类。

斧足色泽乳白，又脆又嫩。高温的高汤从高处氽烫，撞击出深层的鲜美，牙齿也收获愉悦的切割感。

鸡汤汆海蚌

闫九俭：为啥喜欢宋词？宋词先写景，后写人。像陆游写的《钗头凤》多好啊，相思，两个人的无奈。字如其人，高手都是寂寞的，你知道吗？

葫芦岛，每当人潮散去，有位渔民就会沉浸于另一片海。

古诗词藏着闫九俭的别样世界。

闫九俭（老六）

清晨，海滩苏醒。时而属于陆地，时而归于海洋，这片海域深受潮汐控制。三公里的路途，平均水深不足一米。赶海路上，九俭更为人熟知的名字是老六。

∧ 蚶子

滩涂

海水齐腰深。浅滩下藏着隐秘房客，用特制的铁耙，刮取沙底猎物。环渤海三千八百公里的海岸线，分布着中国三分之一左右的滩涂。

在葫芦岛，人们把双壳贝类统称为蚶子。
几个月前人工投苗，终于迎来收获。

开始涨潮，海水以肉眼可见的速度向陆地漫延。这片潮间带，滩宽水浅。要实现从浅滩到陆地的货物转移，传统骡车依然大有作为。在海水与冷风中，连续工作六个小时，终于满载而归。

石烹蛤蜊

东北是中国的烧烤高地，门派林立，锦州葫芦岛一带以海鲜见长。

贝类的碳酸钙外壳，盛放着大海风味的奥妙。受热打开，浓郁的汤汁渗出。谷氨酸和琥珀酸等呈味物质，送来出类拔萃的鲜甜。

渔家的餐桌，常有蚶子作伴。它以咸鲜的风味，柔韧的口感，让美味来得简单而亲切。

韭黄炒蚶子

辣炒蚶子

———
老六也曾少年意气，幻想过江湖浪漫和诗酒年华。

摄制组：江湖离你远去啦?

闫九俭：远去 。不有一句话吗? 有人的地方，它就是江湖。

——
眼前潮水起落，身后浮沉半生。

也许，人的无奈和不平凡在于，越是看清真相，越是不惧琐碎和艰辛。

坦然面对三餐一宿、岁短日长。

广西北海

GUANGXI
BEIHAI

北部湾

又一个清晨，寒风裹着冬雨，让人们在滩前止步。赶海的生活充满了变数。向南三千公里，
一场更大的暴雨挡住人们的出行。

临近年关，傅亚梅打算给孩子多备些海产。

傅亚梅

北部湾，中国最大的海湾，世界上潮汐作用最典型的海区之一，高低潮差接近七米。退潮后，一片沙洲彻底显形。

腊月二十八，春节前最后一次大潮，数百名职业赶海人集体出动。傅亚梅有四十多年赶海经验。定洲沙，是众多渔家讨生活的去处。

∧ 沙虫（方格星虫）

———
泥沙底质下，栖息着行踪隐秘的生物。方格星虫，俗称沙虫。涨潮时外出，落潮后潜藏。
半天劳作，加上几分运气，在海水淹没沙洲前，每人能有数公斤的收获。潮水掀开大海的私藏，
又转瞬间把它关上。

广西最南端，温暖潮湿的滨海平原。北海，古代百越之地，中国南珠之乡。北部湾的物产
加上多样的烹饪手段，人们得以四季尝鲜。
沙虫的外观让人退避三分，但若能过了心里这道关，它柔嫩的质地、甘美的滋味，让嗜好
者为之四顾踟蹰。

蒜蓉蒸沙虫

丝瓜炒沙虫

沙虫刺身

将海虾碾摔成泥，灌进沙虫的皮囊，滚水焯熟，爽脆包裹润嫩，鲜香映照清甜，得到双重的美妙。

虾泥沙虫汤

家常蒸沙虫

年底，渔船陆续靠岸，亲人也从外地归来。

每个重大节日，都离不开美味的食物，母亲在海边的劳作有了去处。

借助微弱的炭火，慢慢烘干。

沙虫干，鲜味氨基酸含量高达 30%，堪称天然味精。

∨ 沙虫干

———
传统中国人，喜欢把关切与牵挂放入食物，盛进餐盘和行囊。
故乡就这样被带去了远方。

山东青岛

SHANDONG
QINGDAO

灵山岛

———
海潮以永恒的节律消涨起落，而现代的快节奏，让越来越多的人过着潮汐般的生活。

五一节将至，史盼盼等来又一次久别重逢。妻子陪两个女儿在城里上学，只有节假日才能回来跟家人团聚。

史盼盼在岛上守着一家小旅店，凡事都得亲自上手。父亲精心准备的小礼物，让女儿分外新奇。团聚让时光变得美好，就连食物传出的香气，似乎都与往常不同。

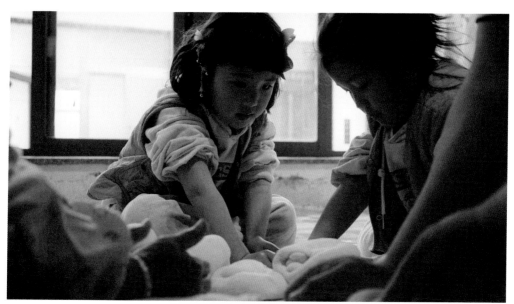

史盼盼家两个女儿

口虾蛄，当地人叫它虾虎。肉质甜润，橙红色的虾子，晶莹饱满。

清蒸口虾蛄

灵山岛，面积只有七平方公里。

亲人的到来，让一门古老的渔猎手段派上用场。一根长绳，几十个空螺壳，不借助任何诱饵，投放到开放水域。这种传统捕捞方式，对海洋环境伤害最小。

∧ 八带（短蛸）

夜幕初上，水面下并不平静。海底动荡不安，空螺壳的诱惑无法抵挡。不过，暂时的安全背后，也可能藏着陷阱。

清晨，提起绳索与螺壳，期待能抓取瓮中之鳖。正值这种软体动物的旺发季节，往年常有不错的收获。

金葱望潮

短蛸，一种小型章鱼，当地人称之为八带。

八带肉质细密紧致，胶原蛋白含量在普通鱼肉的五倍以上。快速水煮，冰镇增加 Q 弹的牙感，搭配酥香的金葱，是南方人喜爱的口味。

小葱拌八带

史盼盼家的做法，和餐厅大同小异。不过要加上胶东人离不开的鲜葱段，醒目脆爽，正是春天该有的滋味。

短短几天相聚，所有的欢声笑语，连同食物的味道，融成一种独特感受。它存放在心底，随着一次次别离，不会渐行渐远，反倒愈加清晰。

古人说天地不仁，但海洋总是露出它慷慨的一面。

海面上潮起潮落，人们紧随大海的脚步，览尽甘苦与沉浮。

回头看，仿佛光阴如水，人生不复少年。

只是，大海的节律不改，正如人间的求索依然。

汪洋沧海，亦有寒暑气象。

鱼虾蚌蟹，随四季去来隐现。

讨海人应时而动，
鲜，总与季节和时令关联。

冬去夏来，春秋书写于餐盘，
冷暖潜行于人间。

时鲜·秋去春来

第五章

手机扫码
可观看本集内容

海上

HAISHANG

3 2 2 6 2 号

这是天空和海洋的世界，看上去了无生机。

腊月，32262 号已经连续作业四十多天。距离陆地五百公里，带鱼是捕捞的目标，风力接近十级，可人们还没有放弃。寥寥无几的收获，让焦灼的情绪蔓延。

32262 号

———

大约四万年前，人类开始使用鱼钩。

细鱼线均匀固定于主干绳。延绳钓，只捉大鱼而不伤及幼苗，是最生态的捕捞方式之一。

全世界的延绳钓渔船，每年大约投放十四亿枚鱼钩。

船长决定向更远处碰碰运气，而风浪正变得越来越大。

距离春节还有一周，带鱼价格不断攀升，这意味着工作时间越来越长。

———

每年冬至，带鱼从北向南洄游，形成鱼汛。鱼钩沉入水下近一百米，幽深寒冷的世界，闪过一道道亮光。所有的努力和等待终于有了结果。

带鱼，如风中霜月、水里寒刀。

延绳钓捕获的带鱼，外观保持完好，长度超过一米。

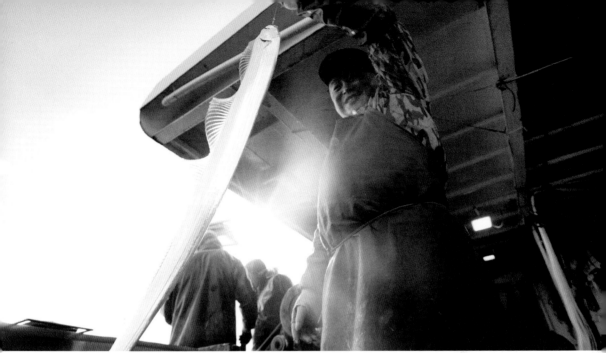

邱少金

∨ 带鱼

带鱼，骨架简单，鱼肉柔润娇嫩。火力大会使其支离破碎，小火煎，外层变得松脆，焦香乍泄。加酱油红烧，甘美与浓郁兼得。

带鱼饭

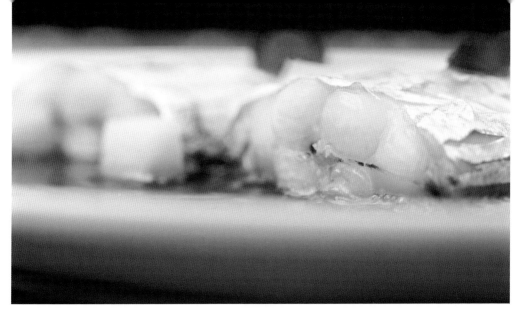

清蒸带鱼

黄金脆带鱼

趁新鲜清蒸也好，外层银脂裂开，鱼肉细腻温润。
鱼身略薄的适合油炸，表皮香酥，内里依然鲜嫩。

——

从沿海到内陆，这是中国人最熟悉的亲切海味。渔船厨师老邱（邱少金）也在准备晚餐，
裹面糊油炸，出锅后趁热享用。带鱼最极致的鲜，或许出自渔船的灶头。

出海五十多天，有一万多公斤收获。无论对船长还是船员，这都是不错的答卷。

腊月二十八，32262 号匆匆踏上归途。这些从事远洋捕捞的人们，每年超过三百天在海上
度过。带着家人的惦念，迎来海风浩荡，送走暮色四合。

山东烟台

SHANDONG
YANTAI

牟 平

四月的胶东半岛，春天已占据每寸光阴和角落。

山苜楂，一种多年生草本植物。切碎，与红虾仁、扇贝丁搅拌做馅。这是给两个宝贝准备的点心。

山苜楂包子，植物与海鲜各自清新。

山莒楂海鲜包子

儿子工作忙，孙子孙女由老两口照看。每顿饭都是一场攻坚战，但去海边玩耍，却不需要任何动员。沙滩上，有无数神秘莫测的来去。

早春，一种奇特的生物在这片海滩大量出现。这种生物在沙质滩涂下藏身，受到惊扰，就会遁地而逃。

常军夫妻和孙子孙女

∧ 海肠（单环刺螠）

——

单环刺螠，胶东人叫它海肠，开春最是肥美。

去除内脏，只剩肥厚的体壁肌肉。剪成段入水汆烫，柔韧而富有弹性。撒盐，混合蒜泥、芹菜凉拌，口感爽脆，有提神的香气。

脆拌海肠

切春韭爆炒，醒目的辛和温柔的鲜相拥。

以米汤吊熟，清香甜润。

当然还有一个应景的搭档，热油煸炒后拌香椿芽，山野的新嫩与海洋的鲜美，在春季相逢。

春韭炒海肠

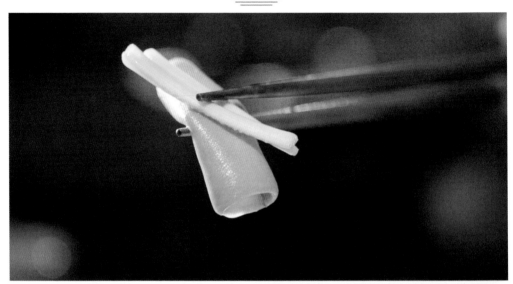

米汤海肠

香椿拌海肠

海肠的旺发期只有两个月，随着气温升高，它们将让出这片舞台，新的主角也会如期而来。

广 东 广 州

GUANGDONG
GUANGZHOU

万 顷 沙 镇

———

四月的珠江口，最高气温已经超过 30 摄氏度。清明前后，一种小型海鱼洄游至此。

凤尾鱼，刺软肉嫩，文火油煎后满口酥香。

然而跟鱼肉相比，鱼子更受人们钟爱。

凤尾鱼春，胶着的颗粒晶莹圆润。

用来做煲仔饭，醇厚的味道渗透米粒，鲜香随热气扩散。

香煎凤尾鱼

干制凤尾鱼春

凤尾鱼春煲仔饭

——

海洋季风吹散春天的凉意，地球公转和较低的纬度，将这里早早送进夏天。

相比凤尾鱼，另一种食材已抢占时令美味的高地。

因为丈夫出海，红港村的阿翠（翟有翠）不仅要忙碌三餐，还要照顾孩子。

南沙十九涌，一场期待中的收获，正让阿翠的丈夫何海华日夜守候，这个季节事关全年的收入。船头的一餐过后，就要整晚劳作，没有时间休息。

珠江入海口，咸淡水交汇，一些生物会在此时逆流而上。海洋跟陆地相似，春夏都是万物躁动的季节。子夜的降雨，让捕捞变得更加困难。罾网沉入水底，形成一道屏障。

生物的迁移路线奇妙神秘，渔民劳作自古就脱不开运气的安排。

⊰ 曹虾（脊尾白虾）

——

脊尾白虾，广东人叫它曹虾。膏黄充盈，子粒满怀。

虾头熬汤做底，鱼子酱和海胆左右合围，曹虾以甘鲜清甜卓然而立。

海胆鲜焯曹虾

荠菜炒曹虾

石烹曹虾

曹虾的赏味期只有十多天。美味，当然要留给家人。

曹虾油炸，读秒出锅。

与藠头同炒，皮酥肉嫩，能带壳入口。

其实，只需简单白灼，就能一步直抵曹虾的至鲜境界。

粉白的壳包着水润的肉，一口，美好就咬进了嘴巴。

白灼曹虾

时令鲜物，总是昙花一现即走，却年复一年又来。

辽宁大连

LIAONING
DALIAN

小黑石村

——

三千公里外，渤海北岸，秋冬之交已是寒冷气象。辽宁人敞亮，辽东湾富饶。暖人的食物、满腔的热火，将寒意驱散。

渤海是中国最北的内海，全部位于大陆架之上。在海洋的所有区域中，大陆架作为物资来源地，对人类至关重要。

一大早，趁着天晴，田姐（田立君）和丈夫老王（王猛）投下渔笼。

二十来岁的老木船，帮他们养大两个孩子。如今，长女已经考上大学，是田姐的骄傲。

二十多年前，田姐在工厂做工，老王是她带的学徒。田姐经不住追求，两人相爱，回老家做了渔民。

在中国人的饮食月历上，秋天是食蟹的季节，海陆通用。

海蟹不仅有宽大肥硕的体态，膏黄也更扎实饱满，相比淡水蟹，以过瘾开怀、大快朵颐胜出。

青蟹炖冬粉

爆炒梭子蟹

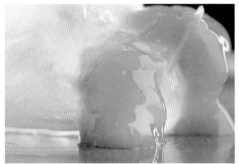

潮汕生腌蟹

∧ 赤甲红（石蟹）

凌晨 4 点，夫妻船顶着月色出发。秋末冬初，一种海蟹旺发，让他们不辞辛劳。整个北半球，辽东湾是海冰分布的最南端，他们要在上冰前抓紧工作。

石蟹，生活在近岸礁石地带，腹部和螯足边缘呈红色，又名赤甲红。

赤甲红，一身硬骨头。它生性威猛好斗，很难实现人工养殖。

花椒大料和酱油煮好卤汁，冷却后，浸泡两个昼夜。

辽东生腌，蟹肉有胶冻的弹润，咸鲜中有温和的甜。

生腌赤甲红

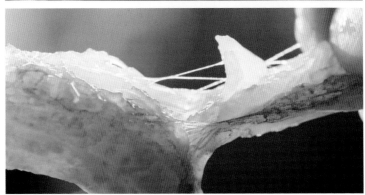

（本书如实记录当地传统饮食方式。海蟹生食有风险，请谨慎尝试。）

显微摄影
赤甲红蟹肉

——

上灶蒸，鲜味立等可待。只要一刻钟，外壳变成漂亮的鲜红色。用力敲开，肥厚的膏肉毕现无遗。

相比其他海蟹，赤甲红在甜度上更胜一筹，这是甘氨酸等甜味物质累积的结果。光洁剔透，一丝一缕阐释着鲜的奥妙。

清蒸赤甲红

—

赤甲红的格外肥满，预示着凛冬将至，好在有温暖的食物陪伴左右。

半生光阴，倏忽已过。

连续十几年的海上劳作，换来如今的两手相助、两心相安。

岁月总是让生活一边丢却，一边弥合。

海面上，望尽风云变幻，忘却岁月更迭。

大海化育有时，人们朝夕收获。

那些形形色色的海错，经年往返，有如春华秋实、夏雨冬雪。

仿佛回应着大地的四季、人间的凉热。

海水的味道都是相似的，孕育的风味却各有各的不同，
人类更愿意对造物的原创进行再度创造。

从不懈地辗转探索，到时间的造化之作；
奇思妙想的形变，用心良苦的组合，
带来花样餐饭，送别似水流年。

花样·似水流年

第六章

手机扫码
可观看本集内容

福建福州

FUJIAN
FUZHOU

苔 菉 镇

黄岐半岛，五月已是盛夏。

鳗鱼去头剔骨，这是夫妻小店每天清早的必修课。暖暖六岁，出生后一直跟随外公外婆生活。

鳗鱼切片，裹上红酒糟调味。　油炸后口感酥脆，迷人的糟香深处，鱼肉细嫩温软。

∧ 鳗鱼

炸糟鳗

在中国东南沿海，海鳗吃法多样。

剔下光洁莹润的鱼肉，细细地斩剁成蓉，加淀粉使其获得黏性，小肉球踊跃而出。入口爆浆，鳗鱼丸引来食客争相尝鲜。

鳗鱼丸

鱼丸只是变形的初级形态。另一种方法，让鱼肉绽放别样的精彩。

鳗鱼肉加番薯粉，反复揉捏上劲。用圆柱形的面杖，滚动擀轧。鱼肉胶质丰富，制成的面皮厚度不足一毫米，薄如轻纱。

暖暖的父母长年在海外工作，计划把暖暖接到身边，这也许是祖孙三人相守的最后一个夏天。

母亲节，暖暖邀请小朋友回家，老两口早早准备。

红虾剥壳，加马蹄、肉丁和葱花，少量生抽调味后做馅。鳗鱼制成的饺皮，是一副好看的皮囊。

◁ 鱼饺馅

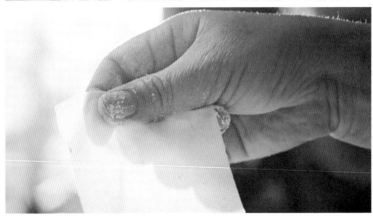

◁ 鳗鱼饺皮

鱼饺

盈盈一握，将海洋与大地的滋味收纳。

上大灶，慢慢蒸。给孩子烹制食物，总舍得花大把的时间。鱼饺熟透，一枚枚浑圆小巧、玲珑可爱。外皮光洁柔韧，兜住满满的嫩肉和汤汁。鳗鱼不见踪影，只留下微妙的鲜香。

暖暖和外公外婆

美好的味道加上孩子的欢笑，给小店塞满幸福时光。

许多年后，暖暖或许还会记得，外婆的陪伴和海边的晚餐。

周末，外公外婆关上小店，把整个下午留给暖暖。

童年总是过得很慢，而成年人的世界里，一样的时间，却总让人觉得日子太长，岁月太短。

吉林延边

JILIN
YANBIAN

龙 井 市

海味的花样之路，有的从形态上改头换面，有的在骨子里暗做文章。

硕士毕业后，母立平曾有一份安稳的工作。父母年岁渐高，她决定辞职回家，一切从零学起。

母立平：我是一个女孩，体力上就帮不上他（父亲）太多，我希望我是个男孩就更好了。

（母亲）吴艳波：女孩该过的是小姐生活，安逸的生活，可是她的想法不一样。

（父亲）母秀：没办法，她就喜欢这项工作。我多年的经验，一次性就告诉她了。

△明太鱼（黄线狭鳕）

黄线狭鳕，一种小型鳕鱼，俗称明太鱼。

三月春分，地处中温带的延边，却依然没有走出冰冻期。冬春之交，空气干燥冷冽，恰到好处的温差区间、适宜的山谷小气候，使当地的干制手法自成一家。

连续数月，物理升华和冻结循环往复。鱼肉的蛋白质重组，形成网状结构，风味物质高度凝缩。天然不凡的地理条件，使延边成为全世界最重要的明太鱼晾晒场。

———

不靠海的延边，有最懂吃明太鱼的人群。

干鱼皮泡发，包裹糯米蒸熟，赋予谷物大海的风味。

鱼皮包饭

鱼头豆腐汤

煎明太鱼籽

鱼头加嫩豆腐炖煮，动植物蛋白彼此浸透。

新鲜鱼子饱满充盈，文火油煎，绵密中焦香可人。

———
临近清明，全年晾晒即将结束。最后的环节，父亲不愿让女儿上阵。

时间与大自然联手，造就了独特的地域食材。

这种明太鱼干，本地人叫它宣板，干燥后质地坚实。木槌击打之下，化作酥松绵软的肉丝，香气拂面而来。吸足蘸料后劲爆火辣，最适合拿来下酒解馋。

明太鱼干

晾晒周期不同，风味也各有千秋。

水分尚存的明太鱼，切段下锅。彻底脱水的鱼干，给汤汁增味。经过霜雪洗练的味道，在高温下重新苏醒。暄糯的口感之外，鲜味浓郁。

红烧明太鱼

辣蒸明太鱼干

丰收后的聚餐，自然少不了明太鱼。豆芽做底，涂一层辣椒酱，蒸熟上桌。女儿的作品，总会赢得毫无保留的夸赞。

母秀：她要不干，我就彻底地退休了。她干一天，我能动弹一天，这块我是扔不掉的。

母立平：我不希望我爸成为像超人一样的人，什么都会干，但是我爸就是像超人一样保护着我们。

人们难以收藏一丝轻风或一片雪花，
却愿意付出努力和耐心，
把它们的味道留下。

福建
FUJIAN

泉 州

泉州，海上丝绸之路的起点，曾经的世界第一大港。多元文化汇聚、古老与现代交织，千年鲤城，无穷韵味。

酷暑笼罩着古城老巷，每一股清甜凉意都招人喜爱。二十余味辅料码齐，此时，还需要一种海洋食材打底。

∧ 薯圆

——

石花菜，生长在浅海礁石上的藻类。熬煮三个多小时，胶质逐渐溶解，琼脂糖缓缓释放。过细纱滤掉杂质，只留下纯净黏稠的汁液。

显微摄影
石花菜胶质溶解

——

三个小时后，液体变成透明的胶状，闽南人称之为石花膏。玛瑙般晶莹，果冻般抖擞。轻轻刮取，澄澈剔透的丝丝缕缕，溜滑跳弹。

ᐯ 石花膏

石花膏四果汤

石花膏净洁无味，加水果、芋圆、珍珠和仙草冻，最后倒少许蜂蜜水。四果汤，甜蜜的味道爽冽缠绵，给炎炎夏日以无限的清凉。

依个人所爱，甜淡随心，温凉自由。简单组合即成可口的糖水，这是特色独具的街头一景，也是泉州人的美妙念想。

石花膏拿铁

———
新潮混搭变出更多花样。

石花膏搅碎加冰，冲入牛奶和咖啡，香气浓郁缥缈，柔顺的口感增加意外惊喜。

一份清新加几许凉爽，抚平盛夏的燥热，赢得众生的欢心。

广东汕尾

GUANGDONG
SHANWEI

红 海 湾

——

人类的烹饪，某种意义上，就是不断突破单一味道束缚的历险记。

将新鲜墨鱼切成细丝，橄榄油煎香洋葱、蒜末，再以红酒调味，加海虾、贻贝和蛤蜊一同烹煮。

多样食材巧妙搭配，即使小小的餐盘，也能盛下漫长的海岸线。

意大利海鲜汤

——

汕尾红海湾，清晨 5 点，阿栋（黄贤栋）跟随母亲出海。一个月前，他从工作地深圳回到母亲身边。

阿栋：她（母亲）闲不下来的，非得干，我觉得没必要，孩子都长这么大了。每个孩子都想要得到父母的肯定，我自己也是一样的。

黄贤栋

——

已近而立之年，阿栋仍在不同职业间摇摆。在家里，阿栋承担的每个角色，进展似乎都不太顺利。

摄制组：阿栋有什么特别厉害的地方吗？

（母亲）朱玉香：什么都不会，他肩膀都不会挑，一百多斤挑不起来。

朱玉香

新年将至，渔家人的劳作比往常更加繁忙。海风卷起汹涌波浪，小船颠簸飘摇。虽然多次出海，但阿栋依然跟不上家人的节奏。

墨鱼又名花枝、乌贼，这种头足类软体动物，拥有数百万个色素细胞，能够迅速调整身体的色彩。

◁ 墨鱼（花枝、乌贼）

新鲜墨鱼除净内脏，再加粗粝的海盐，反复揉搓。洗去满腹的墨水，只剩下明晃晃一片柔韧洁白。于空旷处展开，借助北风与煦暖的阳光，水分缓慢蒸发。
在汕尾，这种晾晒干制的海获统称为脯。

◁ 墨鱼干

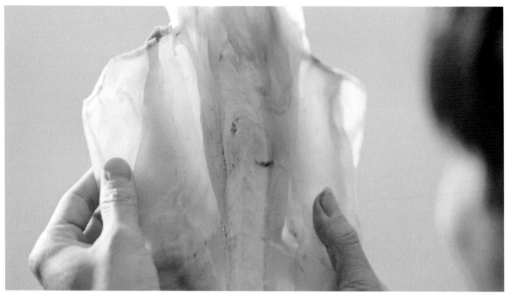

△ 墨鱼脯

腊月底，拜神祭祖、年节大菜都怠慢不得，阿栋忙前跑后地张罗。

历时一周，晾晒告成。墨鱼脯，鹅黄的色泽，如老玉般温润。

墨鱼脯表皮完全风干，软嫩的质地仍在里层留存。

入滚油，与生猪脚反复烹炒，再长时间煲煮。

∧ 猪脚墨脯鸡食材

猪脚墨脯鸡

———

餐厅做法更追求品相，整只猪脚和老母鸡，与墨鱼脯汇聚一锅。

腐乳调成酱汁，反复浇淋。焖炖三小时，浓郁的鲜味和香气袅袅扩散，犹如一阵阵海风轻

拂田野。大海与陆地的食材，新陈交会，彼此成全。

今晚，阿栋的心意也摆满一桌。利用丰盛的食材，再加几分用心，化成可口的餐饭。
岁末的一顿团年饭，仿佛卸下了一年的疲惫，化解了胸口的块垒。

中国人对团圆的执念，在春节达到顶点。

人们不辞辛劳、千里奔赴，又在获取勇气和力量后，再度启程。

我们无力驯服一朵来去的浪花，就像不能左右时间。

却以变化对重复做花式反抗，用风味对寡淡做多样消解；
几度努力再造，一派烟火人间。

虽然留不住似水的光阴，但也莫辜负花样的年华。

自古以来，人类不但要直面大自然，
还要学会如何对抗时间。

从干燥和腌渍、到糟醉与发酵，
今人的胃口依然被传统的智慧左右。

这是由时光造化的厚味，
不争朝夕分秒，却留余韵悠长。

厚味·余韵悠长

第七章

手机扫码
可观看本集内容

山东

SHANDONG

日 照

六月，巨大的气团在海洋上空移动。风力与潮汐的综合作用，让海水陷入永恒的震荡。

海风送来的讯息，叶老汉（叶秀江）总能在第一时间洞晓。又到了与风浪交手的季节。

将木桩在腿上捆牢，这是通往大海的仅有依靠。

黄海之滨，一种小型生物在芒种前后造访，只逗留一个多月。

叶秀江

———

黄海，太平洋西部最大的边缘海，因为黄河携带的泥沙，海洋为之变色。

脚踩高跷、手持网具，老汉年近七十，五十多年的出海经验，帮助他维持平衡。在原有的木桩之上，延长一截。两截高跷，让身体伸展一倍。海底猎物踪迹不定，跟着老行家行事，才不会双手落空。

两根五米多长的竹竿，尾部束紧，网口张开。以身体为支架，伸出大网。网口沉降至滩底，前倾而行。肉眼不可见的水底，凭双腿感知猎物的触碰。稳住腰身，顺势起网。单手抄起笊篱，刮取后倒入藤筐。

———

毛虾，全世界年产量二十多万吨，尤以中国的出产为最。

盛夏，气温超过 30 摄氏度。毛虾体内的蛋白酶活性极强，尽快加工，才能防止腐坏。

盐水烧开后倒入毛虾，焯烫几秒，快速捞出。在阳光下均匀铺展，使其与空气充分接触。

∨ 毛虾

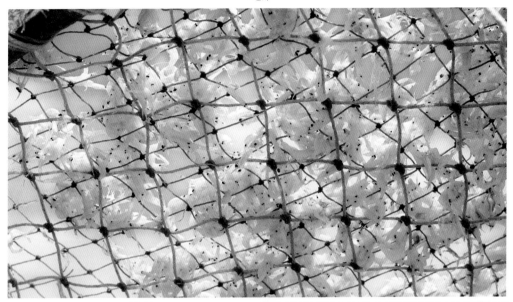

显微摄影
虾皮脱水

△ 虾皮

早在数万年前，人类就开始学习对抗时间和腐败。干燥，是最原始的保存手段。海虾脱水制成虾皮和虾干，它们含有大量氨基酸，是厨师秘而不宣的增味法宝。

虾皮炒丝瓜

虾皮轻盈通透，高温煸炒，壳与肉的不同风味相互置换。丰富的蛋白质和糖类，让寻常之物陡然间增色。

金钩海米炒蚕豆

虾干，个头比虾皮稍大。泡发后，文火油煎，身段变得柔软，释放出紧锁的鲜味。与蚕豆同炒，甘美与醇香一举两得。

这种天然的提鲜剂，与众多食材搭配，从不喧宾夺主，反而会倾囊相助。

虾皮狮子头

虾皮稻香肉

灌汤虾皮狮子头

青菜虾皮包子

晚饭素朴简单，好在有刚晒好的虾皮相佐。

虾皮卷煎饼

清香回甘的煎饼，
爽洌醒神的大葱，
加上虾皮奉献的浓郁鲜美，
小院的岁月变得有滋有味。

海南
HAINAN

儋州

自然造就了食材的鲜活，自然也注定了它们的速朽。

以时间对抗时间，用厚积凝固薄发，让短暂、脆弱的鲜美，得以长久停留。通过盐的渗透作用使食物脱水，获得与晾晒相似的干燥效果。不但保鲜，还将食物的质地和滋味彻底改变。与清新甜润的食材搭配，腌鱼以调味品和原材料的双重身份入菜，新鲜与厚味取长补短，形成天作之合。

梅香红鱼蒸花腩

∧梅香咸鱼

海南儋州，白马井渔港的一天从子夜开始。渔船进港，买家进货，少不了一番唇枪舌剑。
吴全胜夫妻俩经营的干货作坊紧挨码头，食材往来的消息，老吴家总能最先拿到。
年末，有种海鱼因为特别的体色变成抢手货。

红鳍笛鲷色如胭脂，儋州人称之为红鱼。

ⅴ红鱼（红鳍笛鲷）

清蒸红鱼

薄盐浅渍，加姜片、香葱去腥。高温蒸烤一刻钟，浇一勺滚烫热油，激发缥缈的香味。

相比鲜吃，另一种加工手段，让红鱼赢得赫赫大名。

斧头快下，劈成两半。拿捏力度，运刀不伤鱼皮，将肥厚的肌肉呈瓣状割开。撒大量海盐，反复揉搓，使其渗入鱼肉组织。过清水，洗掉多余盐分。阳光与盐携手，干燥和腌制结合，鱼肉脱水的速度加快。某种程度上，这是不见烟火的烹调。

合适的温度，暄暖的冬日阳光，酝酿出老而弥新的味道。钠离子动摇和瓦解了肌肉纤维，蛋白质伸展交联形成凝胶。

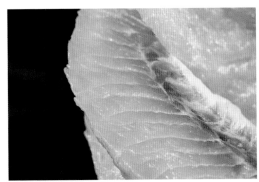

∨红鱼干

红色寓意着好彩头。年关一到，红鱼订单更是接二连三。

切片后，与腊肠一同放入砂锅，大火烹烧。腊肠的甘甜，红鱼的温香，让米粒饱满入味。
红鱼煲仔饭，裹着一腔香与热，熨帖人们的好胃口。

红鱼干入馔，口感胶糯弹润。搭配肉食，丰腴和硬朗相济，肥柔与咸鲜交割，令食客一时垂涎，其长久的回味更是绵延不绝。

红鱼煲仔饭

红鱼蒸肉饼

红鱼炖五花肉

——

从餐厅后厨到港口的火灶，红鱼烹饪的思路小异大同。与五花肉一同烹煮，美味顷刻可得。

古老的工艺伴随人们的生活，送走冬春几度，平添风韵几何。

广东汕头

GUANGDONG
SHANTOU

南 澳 岛

——

百年商埠、华南要冲。汕头，历史积淀深厚，中外文化兼容。

潮汕一带的饮食风华，南海之滨的世代兴旺，让一方水土得以化育，十分风采得以盛行。

汕头南澳岛，北回归线横穿而过，这是太阳能够直射到地球上的最北界限。迎着太平洋送来的湿润空气，阿鉴（黄炜镇）和他的父亲（黄振基）驶出港口。

立夏，台湾暖流和上升流等综合作用，使得近海食物充足。横开桅杆，调试灯具，父子之间的默契不需要语言沟通。

黄炜镇和父亲黄振基

一种季节洄游的渔获让人们满怀期待。星辰与大海之间，渔火通明，吸引众多海洋生物慕光而来。今晚收获不多，但意料之中的猎物已经零星出现。

ⵯ 鱿鱼

炝炒鱿鱼

———

鱿鱼，头足纲软体动物，圆锥形的身体酷似标枪。

切段炝炒，脆嫩的咬口，撩逗牙齿的咀嚼欲望。鱿鱼质地柔韧，开小火长时间煲煮，胶原蛋白部分水解，获得弹糯交融的独特口感。

XO 酱焗鱿鱼

移步换景，站在尝鲜的对面，气象别有洞天。

日餐厨师取鱿鱼肝脏，撒盐腌渍。浅度发酵一昼夜，挤成泥膏状，与鱿鱼丝充分搅拌。送酒佐饭的盐辛，风味在美妙与腐败之间游走。

鱿鱼盐辛茶泡饭

显微摄影
鱿鱼卵膏熟化

显微摄影
鱿鱼卵醢

有种更古老的加工手法，在中国沿用三千多年，几乎毫无更改。

将鱿鱼的卵膏，下重盐层层包裹，密闭贮存半年甚至更久。这是由时间和微生物掌勺的烹饪，腌制和发酵协同作用，蛋白质分解，形成氨基酸和多肽。鱿鱼卵膏逐渐熟化，气息浑厚沉郁，质地更加黏润。

鱿鱼卵膏蒸蛋

紫菜炒饭

铁板鱿鱼卵醢

——
与蛋液搅匀后蒸熟，鲜嫩中透出咸香。

用黄瓜、紫菜与熟米，做成香气可人的炒饭，跟鱿鱼卵膏最搭。

腌卵膏切片，在铁板上炙烧，焦香的外壳，包住满满一坨的油润滑嫩。

醉虾

由时光点化的厚味，又回转头来，装点人们的时光。

神奇的发酵，不仅延长食物的寿命，还以令人惊喜的方式，打开海鲜风味的另一扇大门。

更极致的腌渍，也跟发酵有关。酒浆入菜，不但使肉质更加柔嫩，还能送来馥郁的香气。

新鲜海蟹入卤水，汁液款款而行、酒香徐徐渗透。纳入口中，极度鲜甜的滋味，令精神为之一振。

酱青蟹

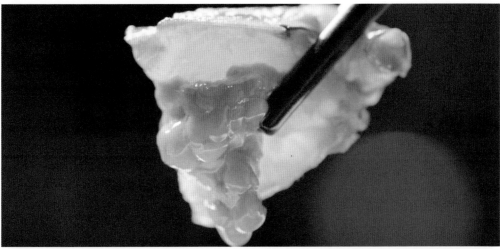

江浙沪一带，以酒浸渍的食物称作醉货，风味独特，让人们孜孜以求。

（本片如实纪录当地饮食方式。海鲜生食有风险，请谨慎尝试。）

浙江宁波

ZHEJIANG
NINGBO

慈 溪

钱塘江入海口，暮秋的芦苇渐次枯黄，一种小个头螃蟹四处游荡。海滩上的小小孔洞，是它们的藏身之处。

丁阿伯（丁志江）有多年的经验和足够的耐心。挖开蟹洞，持长钎，反复试探。

人 螃蜞（相手蟹、螃元蟹）

———
相手蟹，宁波人又叫它蟛蜞或是螃元蟹。

只有拇指大小，看上去无肉可食，但丁阿伯深知它的妙用。蟛蜞肉少，任何蒸煮煎炸的手法都容易错失它的美味。洗净后撒盐，再用花雕酒将蟛蜞彻底淹没，风味缓缓酝酿。

丁志江和楷楷

秋风带着蟹味，吹过杭州湾。阿伯的孙子楷楷年满五岁，正在读幼儿园。秋意渐浓，趁着周末，爷孙俩打算去捕捉另一种小型海产。

一枚枚小小的凸起，缓慢移动。十月桂花香，泥螺正肥，当地人美称其为桂花泥螺。

∨ 泥螺

醉泥螺

（本书如实记录当地饮食方式。泥螺生食有风险，请谨慎尝试。）

醉蟛蜞

（本书如实记录当地饮食方式。蟛蜞生食有风险，请谨慎尝试。）

仔细洗去泥沙，外表素净光洁。先用腌菜汁液浸泡，氧化三甲胺分解会产生异味，加黄酒不但去腥，还能提味增鲜。发酵和渗透，同时启动。

静置一周左右，醉泥螺告成。饱满莹润，脆嫩的口感分毫不丢。

蟛蜞只需短暂酒渍，美妙的鲜味和醉人的香气，盛得满满一兜，令口舌的愉悦在瞬间飙升。大鱼大肉酣畅开怀，但小蟹小鲜也有它的精彩。

大约所有的童年，都离不开某种味道的左右相伴。也许它会贯穿一生，连同记忆里劳作的身影、四周的空气，以及土壤与草木的呼吸，形成一种微妙感受。中国人把它叫做——家乡味。

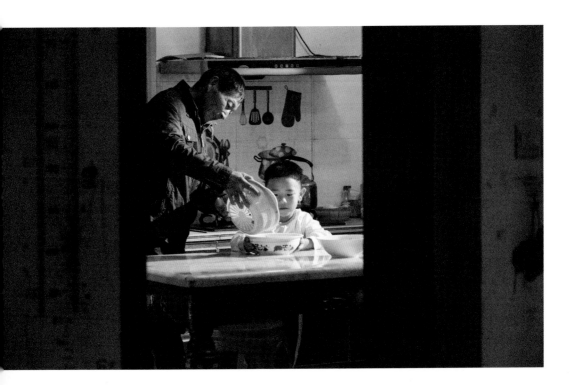

万物生长有时，但人们却把一去不回的时间，以某种味道的形式固着，使其穿过无尽纷乱而不曾散落。

它鲜活如昨，就像时光未被惊扰，岁月还能重来。

它厚重悠远，仿佛藏着大海的涛浪、故土的风霜。

大自然一无所求，化育世间万物；
往来人奔忙不休，不断经营建构。

从传统渔猎到海上农作，从物种复苏到技艺的承传，
人们从没放弃过变革与重组，
为的是长久的赓续、代代的持有。

赓续·代代相传

第八章

手机扫码
可观看本集内容

福建宁德

FUJIAN
NINGDE

沙江村

福建霞浦，海面的景观已经被人类重新塑造。长短不一的竹竿，间隔出狭窄的航道。

又是一年收获季，但老王（王金雄）却有些忐忑。跟种田相似，他们的劳作靠天吃饭。

海带生长五个月出水，悬挂晾晒。看似简单，但要像父亲那样内行，儿子阿赟需要更多时间。

农历三月，沙江村，人们抬妈祖像巡海，祈祷一年的顺遂与丰足。

阿赟和父亲王金雄

显微摄影
甘露醇结晶

———

附近的漫长海岸，已成为当地人的耕作场。

在阳光下充分曝晒，水分蒸发，一些特殊成分开始结晶。海带表面开出一簇簇霜花，如冰凌般洁净。甘露醇，有近似蔗糖的甜味，是风味凝聚的标志。

∨ 海带

包括海带在内，全世界的食用藻类，九成以上来自人工培植。

干海带烹饪前，先隔水蒸一刻钟，使表面的甘露醇重新融入海带体内，风味的精华得以悉数保留。清洗后与藕块、猪手错叠，加高汤卤制数小时，不同味型你来我往地一番置换。海带入味，鲜甜与醇香缱绻缠绵，口感也变得酥滑胶润。

酥锅

虾胶海带卷

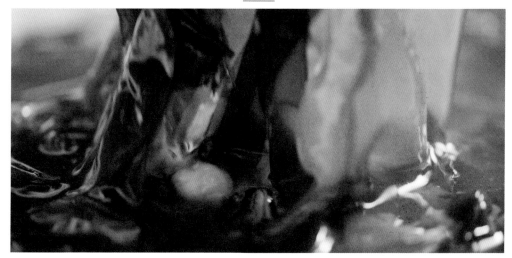

海带苗海蛎汤

———

海虾与肥膘肉混合做馅，以海带层层席卷。蒸熟后，外层黏糯，内部滑嫩可人。

傍水而居有得天独厚的便利。

海带苗与海蛎下锅同煮，甘甜之余，脆嫩爽口，极鲜的境界一步直达。

阿赟学种海带的几年，父亲总是替他忙前忙后。

如今，阿赟已经成家生子，但日常生活依然离不开父母的照顾。

海带排骨汤

从沿海到内陆，海带大约是最亲民的海产。今天，母亲打算拿它来煲汤。

一百多年前，人类从海带中提取出谷氨酸钠，鲜味由此成为第五种被发现和命名的味觉。

排骨与海带入清水，烧开后改小火长时间炖煮。鲜味物质渗出，汤汁异常的浓郁甘美。朴实无华，又百搭提味。

——

赶在降雨之前，晾晒全部结束，两代人满怀喜悦。

丰收后的一餐，简单而自足。

因为劳作，起伏的海面宛如平整的田野，陆地文明史仿佛在大海重演。

浙江
ZHEJIANG

宁波

———

手艺的传续，除了父子相承，还有另一种方式。

一早，胡乐乐被小喇叭准时叫醒，又是紧张的一天。这是一所专业烹饪学校，数百名学子接受系统而严格的训练。

童师傅是一家海鲜餐厅的主厨，一手传统宁帮菜，让他的讲座备受欢迎。

大黄鱼剞刀片开，猪油烧至七成热，将大黄鱼煎得两面金黄。浙东一带，大黄鱼是位居核心地位的标志性食材，其肉质紧致细密，香气浑厚。汤汁熬成浓醇的奶白色，搭配清冽醒神的雪菜，咸与鲜携手步入妙境。

雪菜大汤黄鱼

———

夜色已深，乐乐还待在厨房。临近毕业，童师父帮他争取到实习机会。未来的表现，可能
决定一生的职业起点。

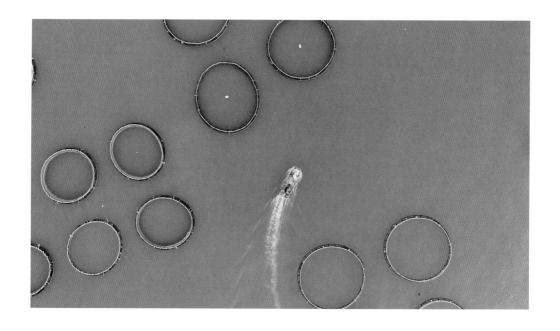

———

大黄鱼曾居中国四大海鱼之首，但已经很难从自然水域获得。要实现其族群延续，眼前的
权宜之计，也许是为数不多的选择。

远离陆地，密布的深水网箱是人们在海洋里铺设的牧场。人工努力干预，从条形到肉质，
使养殖大黄鱼更接近野生。

腐皮包黄鱼

宁波，长江三角洲的港口重镇，新的一天从激昂的口号开始。

在这家餐厅，胡乐乐的职业尝试正式开始。餐厅后厨，所有的感官，要服从于锅灶刀铲。

新鲜大黄鱼，剔除骨和刺，码味，以油豆皮外裹几层。摊开的一端刷蛋液卷牢，斩剁成段。入锅炸到香气溢出，豆皮变得金黄通透。外层质地焦酥松脆，轻轻一折，应声而开，大黄鱼的柔媚姣好再也藏纳不住。

不管通往平淡还是走向非凡，大约所有的路程，都有一个微不足道的开端。

今天，乐乐将离开校园，等在他面前的，将是更多的变数与考验。从初出茅庐，到升堂入室，道理简单，然而其路漫漫。

砧板刀案，锅灶盘盏，寻常的器具，暗藏无穷的奥妙与玄机。师徒之间的口传心授，经年累月的反复淬炼，让一门技艺代代流转。

童师傅

胡乐乐

烹饪与美食的承续，既在追溯传统，也没停止过求索探新。一条上等黄鱼，在顶级大厨手里，将焕发不同凡响的风采。

小心切成薄片，徐徐飘开的清新气息，仿佛来自芳草与嫩叶。任何复杂调味都是画蛇添足。高汤稍加氽烫，原本的清淡神奇般变得甘鲜浓郁。

清蒸也毫不逊色。伴随鱼肉缓缓脱水，鲜与香变得层次多元，何况有娇弱白皙的嫩，躲在瓣状肉里，半遮半掩，呼之欲出。

清蒸黄鱼

从庙堂之高，到江湖之远，
食物的生命力与一方水土之间，向来难分难舍又彼此成全。

浙江
ZHEJIANG

余 姚

余姚，最古老的稻米栽培地，谷物文明和渔猎物产，加上江南小城的舒缓节奏，让传统味道在街角巷尾驻留。

将小黄鱼跟嫩豆腐搭配。腌菜的陶缸里，汁液色泽黄亮，舀一勺，用作汤底。海产的新鲜与发酵的厚味，造就独具特色的小菜。清新鲜爽、生津开怀。

菜汁豆腐黄鱼

大姐（左）和二妹（右）

———

小店里，二妹（沈坚娜）张罗前台，大姐（沈坚）掌管后厨。除了家常小菜，姐妹店的当家主打，是最平常不过的面条。面馆开张二十余年，有慕名而来的新面孔，更有常年相识的老主顾。

一大早，菜市场里的二妹同样是社交达人。来往多年，买卖双方深知彼此的底细和要求。对于食材的品质，二妹从不降低标准。

———

小黄鱼个头纤小，是大黄鱼的近亲，肉质更加细润。

传统做法，干海苔碾成碎末，与面粉搅拌成糊，裹鱼肉入锅油炸。遇热，瞬间膨胀成球。松脆的面糊，怀抱着鱼肉的软嫩温香。

∧ 小黄鱼

苔菜拖小黄鱼

肉粒马蹄和馅，团成肉丸，入高汤煨煮。
肥腴和鲜爽一举两得。

小黄鱼狮子头

———

与谷物的另一番组合，让这味小鲜开得叶茂枝繁。

浙东地区，小黄鱼跟面条的相遇不过几十年，却迅速扎根盛行。

少许酱油着味。热锅冷油，放入小黄鱼酥炸。黄鱼表皮褐变，获得漂亮的金黄色，芳香物质生成。手工面煮至断生，加小黄鱼一同收汁。一碗爽弹的碱水面，两条焦香的小黄鱼，再续浓醇的汤头一勺，清香扑鼻的葱花几粒。

鱼皮胶质丰富，皎若琼膏的鱼肉，让鲜甜来势汹涌。经它一手调教，面条顺滑筋道，甘美滋味更令人喜出望外。

小黄鱼面

不管萍水相逢，还是先天注定，
偶然的无心插柳，竟让一种风味出落得亭亭如盖。

广东湛江

GUANGDONG
ZHANJIANG

雷 州 半 岛

北部湾西岸，中国大陆最南端。雷州半岛，古老的天南重地，璀璨的楚越文明。热带北
缘的温润季风，三面环海的地利之便，成就了它自古繁华。在湛江，物种的延续与大海
的样貌，有另一种方式的存在。

冯军夫妻俩并不关心璀璨与遥远。修渠引水，人们将海洋延展至大地。池塘里蓄满海水，
用以放养虾苗，这是全年的希望。

∧ 虾苗

——

一家人的生活半径，总是以虾塘为中心。

⁚对虾

——

对虾，甲壳类节肢动物，外壳呈青灰色。

清洗整只烹炒，这是女儿的心头爱，也是阿军家最常见的餐食。随着加热，甲壳蓝蛋白变性，释放出虾红素，使表皮变得赤橙悦目。

海鲜粉

湛江地处热带，长夏无冬。二十多亩虾塘，是仅有的生活来源。然而，跟邻近水塘的出产相比，阿军家新撒的虾苗，长势堪忧。虽然努力接近海洋生境，但人工之力跟真实的自然有太多不同。水流、天气和种群密度，都会影响对虾的生长。

中国是全世界第一渔业大国，贡献了全球 70% 以上的养殖水产。

如今，全世界三分之一的温水虾来自人工养殖，阿军家的劳作也将见到结果。四个多月，对虾的体长已达十几厘米。

冯军

———

在传统烹饪里，对虾变化多样。

剥外壳取出虾线。入温油，虾肉遇热收缩成团。加葱段、花生，以荔枝味收口。

———

整只烹烧，手法大巧若拙，于细微之处见功夫。

藏于头部的膏黄融开，给虾肉增味。以壳为器燀熟，形成天然护佑，虾肉的润嫩毫无所失，鲜与甜酣畅到毫无保留。

———

砂锅煲粥，放入洗净的对虾，开小火长时间熬煮。

海虾给谷物增添出乎寻常的鲜美，是点睛之笔。

宫保虾球

油焖大虾

海鲜粥
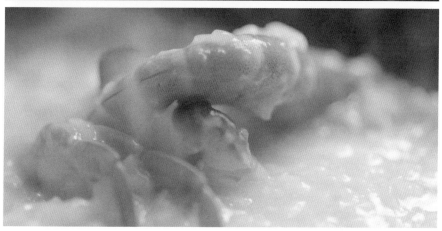

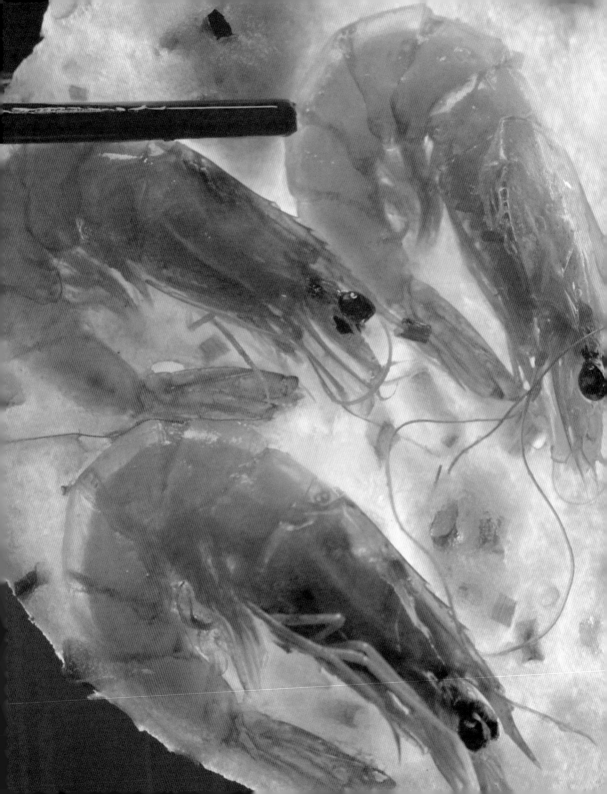

面粉兑水，搅拌成黏稠的面糊。在平勺上摊开，嵌入大虾。油花溅跳，热气和肉类烧烤的焦香，一瞬间升腾弥漫。外壳纤薄酥脆，守护弹滑的虾肉。恰到好处的咸度，给鲜味提供最佳注脚。

仲夏端午，又称端阳节，按习俗，本族人要小聚一番。丰收与佳节送来双重喜悦，美好的味道也来得恰逢其时。食物朴素无华，但有夜色凉风和亲人围坐，无端多出几分美味和亲切。成长的稚童，族里的老者，如此一年又一年，完成着世代的赓续、春秋的交迭。

自然生养万物而不据为己有，岁月却试图把生活左右。

总有人毫不妥协，付出勇气和劳作，一边迎接风浪，一边拥抱凡常。

只因为，人与命运唇齿相依，正如海洋之于大地，一再交手，又彼此造就。

哪怕惊涛来得不容分说，哪怕沧桑不曾善罢甘休。

主创人员名单

出品人　孙忠怀

总制片人　马延琨

总策划　王娟

商业总策划　王莹

总编审　黄杰

监制　朱乐贤

商业总监　孔育昭

制片人　何是非　潘钰卿

总顾问　沈宏非　蔡澜　陈立

首席科学顾问　云无心

解说　李立宏

声音指导　王钢　刘晓莎

作曲　张野

总导演　李勇　陈晓卿

美食顾问【按首字母排序】

安贤珉　边疆　蔡昊　柴隆　陈汉宗

陈黄鱼　陈万庆　陈颖　大董　丁大麦

董克平　冯恩援　傅骏　敢于胡乱

侯德成　林波　林珂　林少蓬　林卫辉

洛扬　马语　彭树挺　石光华　汪智杰

王慧敏　翁拥军　吴嵘　夏燕平　小宽

颜靖　闫涛　杨长江　余维庆　张新民

张勇　周晓燕　周义　周元昌

Carlos Chordi Miranda

科学顾问

瘦驼　萨鱼　周卓诚　海鲜大叔

默识　庄娜　玉子　冈瓦纳　任辉

刘毅　范航清　吴昌宇

导演组

杨超　郭安　傅娴婧　张棚珲　王婧怡　刁莉菲

王紫懿　薛文晶

摄影

郑毅　林千厦　王言　张宽　王垚　张晋文　朱迈

金延哲　王绪杰　马天亮　吴旭　王永明　浮华运

杨超　苗壮

剪辑

单晨童　谢颂昕　高焓　刘西宁　刁莉菲　张文杰

贾振伟　张冉怡　杨万青　马肖杨　王鹏　马晓雨

跟焦

刘桐　王希　沈世斌　史忠保　刘桐　吴志强

汪洋　梁鑫　雷俊　王季　臧东亮　孙高昂　王亮

灯光

胡趁意　赵首林　张红阳　俞成功　裴鑫委

曹增辉　曹雅馨　陈星宇　曹重阳　陈松涛

陈波文　王建磊　陈晓　卢松河　伊飞

航拍

李北基　庞禁　徐讯

录音

安智博　李骢　袁梦南　常小垒　刘猛

耿云龙　蒋志超　贾立辉　王国瑞　孙继杨

刚杨　郭吉猛　曹守华　张林杰　李明尧

张忆　孟鹏辉　程祥　宋昶浩　王涛　韩璐

刘全　陈松庄　丁奇

显微摄影　朱文婷　刘正　孙大平

水下摄影　王言

特殊摄影

贾昊　刘乾伟　张冉怡　李俊华　老狼　斯涛

张明　陈颂文　李志鹏　程凯

调研制片

薛文晶　栾晓芸　吕柄萱　梁勤　李珈琦　顾瑾

林泓毅　叶洋磊　余春阳　杨鹏刚

剧照摄影　赵涛　赵崇为　陈尤麒　刘速

城市短片

导演　张潇艺

摄影　胡凌志

剪辑　钟智靖

摄影助理　黄育群

制片主任　李慷　王紫懿

播出主管　李洁　丁木

总导演助理　贺芷涵

财务　霍岩　唐甜甜　任翼

技术统筹　李浩　段淇予

责任编辑　吕柄萱　张一然

商务执行　高轶成　王瑞

宣传推广　吴迪　梅姗姗　易博文　杜亚峰　黄爱冬
　　　　　　苏宇彤

运营统筹　周茉

运营编审　左玲军

运营策划　刘嘉楠　陈雅

商业统筹　火日京

商业制片人　周芮同　王怡文

IP 授权视觉统筹　赵云飞　杨坪　陈星宇

IP 授权商业拓展　王慧臣　王丹

市场统筹　马洁

市场推广　曹茹月　谢欣　何博

版权发行　王爽　肖婉晴

技术总监　赵文静

技术制作　刘伟　王叶

法务支持　曾磊　陈中

财务支持　杨琨　贾帆

税务支持　孙涌涛　陈莹

维权支持　刁云芸　李丹　刘静　余利勇　包慕霞
　　　　　　叶翠珊　张坤鹏　步庭暄　王璐

声音后期制作总监　刘晓莎

声音设计 / 混录师　王钢

音乐编辑指导　刘晓莎

对白剪辑师　金子

ADR 录音师　蒋芳芳

特殊效果剪辑师　尹程帮　韩睿达　宋静　莫若琪

拟音师　韩睿达　张书朗　叶子楠　吴文元　王献伟　壹听原力

Foley 录音师　董乃豪

声音项目协调　金子

音频系统工程　袁明志　姜紫剑

配器 / 音乐工程　张野

弦乐团　国际首席爱乐

乐团艺术总监　李朋

大提独奏　张平

双簧管演奏　袁小钢

弦乐录音师　王宁馨

弦乐录音棚　北京九紫天诚录音棚

音乐混录　John Whynot（美国）

视效总监　张君实

视效统筹　肖迪

视效组长　张明钰

视效制作　李春姣　宗兆胜　于佑煊　张宇豪

调色师　胡旭阳

HDR 版本调色师　徐英骏

调色制片　王诺雅

调色助理　许雅璇

数据管理及母板制作　马昊龙　王一鸣　鹿燕林　李清清　罗汉　吕晓然

前期设备提供　中视晨阳

视频合成　谭文晖　陶燕暖

海报设计　竹也文化

新媒体海报　双子映画　缤旎文化

片头片花　王㵘　易博文　杜亚峰　太空堡垒

花絮剪辑　王馨雨　邱婧熠　谭梦佳　李东升　钟晓玲